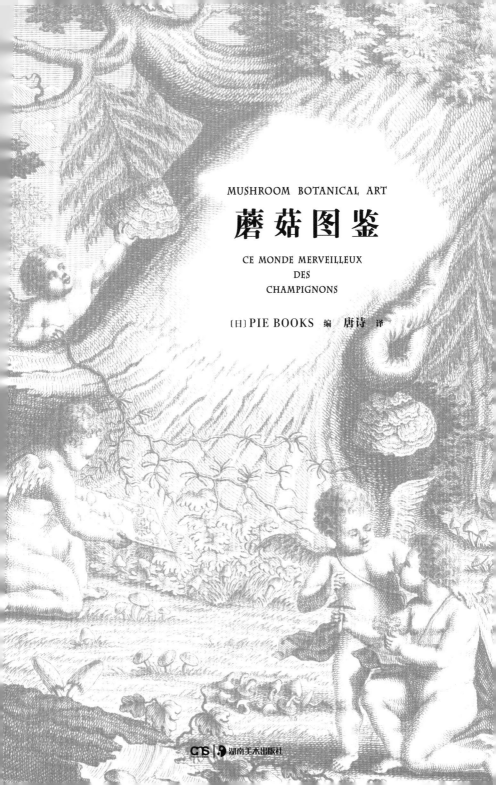

MUSHROOM BOTANICAL ART

蘑菇图鉴

CE MONDE MERVEILLEUX
DES
CHAMPIGNONS

〔日〕PIE BOOKS 编 唐诗 译

湖南美术出版社

CE MONDE MERVEILLEUX
DES
CHAMPIGNONS

CE MONDE MERVEILLEUX
DES
CHAMPIGNONS

博物学家的菌类图鉴

日本的菌类图鉴

专　栏
-COLUMN-

D.

IAC. CHRISTIANI SCHAEFFER

FVNGORVM

QVI IN

BAVARIA ET PALATINATV

CIRCA

RATISBONAM

NASCVNTVR

ICONES.

TOM. I. ET II.

前　言

在空无一物的地面突然出现，然后消失。从古至今，蘑菇这一奇特的存在不断令人为之倾倒。在古罗马和古希腊，种类繁多的野生菌菇就已出现在人们的餐桌上。橙盖鹅膏深得盖乌斯·尤利乌斯·恺撒（Gaius Julius Caesar，公元前100—公元前44）钟爱，因而以"恺撒蘑菇"之称为人们所熟知。然而，即便备受人们喜爱，在很长的时间里，它们的生态依然被谜团包围。英国人曾经相信，森林中长出蘑菇是精灵所为。

在欧洲，对蘑菇的研究从生物学角度取得进展是在显微镜出现之后，也就是16世纪之后的事了。植物画在地理大发现时代（Age of Exploration，15—17世纪）竞相出现，蘑菇图鉴也大量涌现。

日本人对蘑菇的喜爱也由来已久，比如编纂于奈良时代（710—794）的《万叶集》中就有关于松茸的记述。进入江户时代（1603—1868）后，"本草学"（博物学）得到发展，与植物图鉴一样，菌类图鉴被大量绘制，在美术领域也获得了极高的评价。

本书所介绍的蘑菇图鉴由欧洲、日本的生物学者于18—20世纪绘制而成。这些蘑菇图不仅色彩丰富，构图也很独特，作为"画作"同样充满魅力。

蘑菇也被称为"在森林中绽放的花朵"。在翻阅本书时，请想象自己拨开层层枝叶、潜入森林深处，尽情欣赏丰富多彩的蘑菇吧。

《保莱特的菌类图鉴》

ICONOGRAPHIE DES CHAMPIGNONS DE PAULET

让-雅克·保莱特

JEAN-JACQUES PAULET

法国　1855

这本图鉴被认为是法国出版的菌类图鉴中最美的一本，共收录 200 余幅图片，以手工上色的铜版画、石版画为主，内容源自医生兼真菌学者让-雅克·保莱特（1740—1826）的《蘑菇学综述》（*Traité des champignons*，全 2 卷，1790—1808）。保莱特在第 1 卷中对 1787 年之前出版的蘑菇相关文献做了综述，是真菌学史上首次大规模的文献调查。与《蘑菇学综述》相关的菌类图鉴在 40 余年间（1793—1835）被分册出版，把这些内容合在一起，编辑、复刻之后就是《保莱特的菌类图鉴》。

PL. CLXXVI.

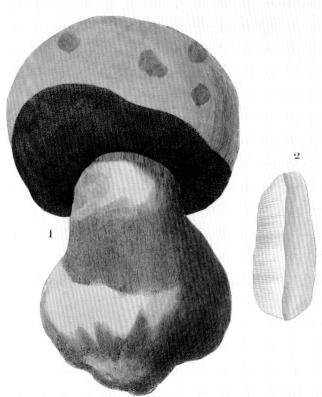

Fig. 1. 2. *Tubiporus cepa*

L'Oignon de loup ✚. *Tom. 2. Pag. 382.*

Foeeier Del.   *Tourcaty Sculp.*

PL.LVII.

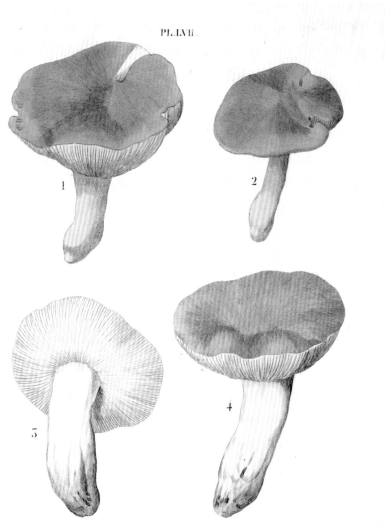

Fig. 1. 2. *Hypophyllum vinaceum.*
  Le Champignon Lie de vin. △ *Tom. 2. Pag. 160.*

Fig. 3. 4. *Hypoph. virens.*
  Le Vert des bois. ○ *Tom. 2. Pag. 161.*

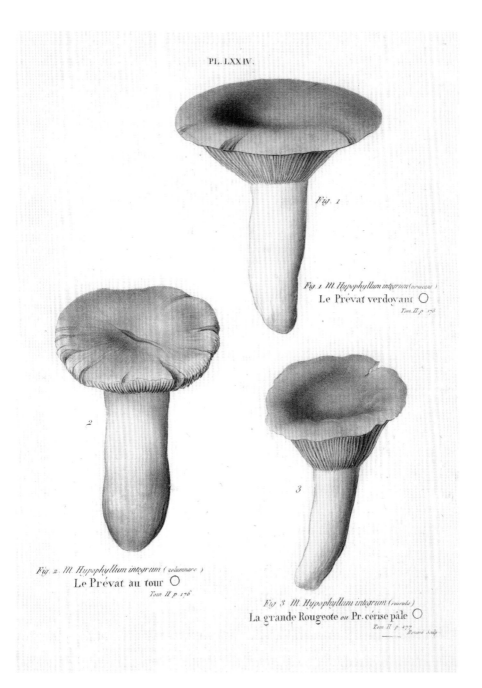

PL. LXXIV.

Fig. 1

Fig. 1. M. Hypophyllum integrum (coriaceum)
Le Prévat verdoyant ○
Tom II p. 176

2

Fig. 2. M. Hypophyllum integrum (columnare)
Le Prévat au tour ○
Tom II p. 176

3

Fig. 3. M. Hypophyllum integrum (ruvidula)
La grande Rougeote *ou* Pr. cérise pâle ○
Tom II p. 177   *Renard sculp.*

PL. CLVII.

Fig. 1.

Fig. 2.

Fig. 3.

1.2.3 A. hypophyllum muscarium.
La Fausse Oronge ▲, Tom 2. pag. 246 et suiv.

Poisson Sc.

PL. CXLIX.

Fig 1. M Hypophyllum umbella.
Le Grand Parasol blanc △ *Tom 2 Pag Seti*

Favet Poulet del.

J. Philippeaux scul.

PL. XCVII. & LXVI.

Roret Paulet del.   *Kamerimann sculp.*

PL. CXX.

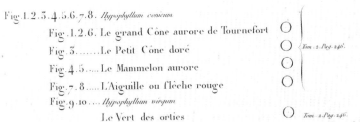

Tom. 2. Pag. 246.

Tom. 2. Pag. 246.

Fossier Del.

Tourcaty Sculp.

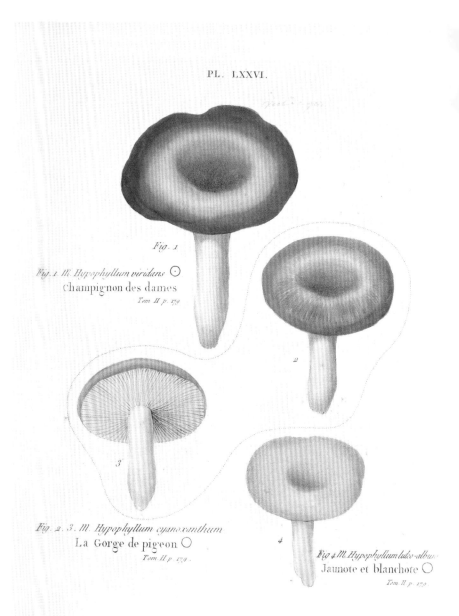

PL. LXXVI.

Fig. 1

Fig. 1. M. Hypophyllum viridans ☉
champignon des dames
Tom II p. 179

2

3

Fig. 2. 3. M. Hypophyllum cyanoxanthum
La Gorge de pigeon ○
Tom II p. 179

4

Fig. 4. M. Hypophyllum luteo-albu...
Jaunote et blanchote ○
Tom II p. 179

PL. LXXVII.

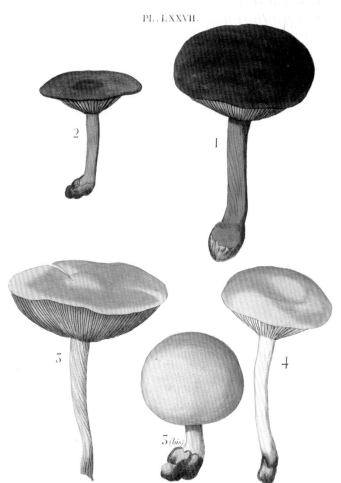

Fig . 1 . *Hypophyllum tricolor.*

    Le Plateau tricolor ou violet évèque . O *Tom . 2. Pag. 180.*

Fig . 2. Le Petit violet ou plateau de Ste Lucie . O *Tom . 2. Pag. 181*

Fig . 3 . *Hypophyllum setigerum .*

    Le Soyeux noisette . O *Tom . 2. Pag. 181*

Fig . 3 (bis) et 4 . *Hypophyllum cœruleum .*

    Le Plateau bleu de ciel ou la Turquoise . O *Tom . 2. Pag. 182*

PL. LXXV.

Fig. 1. 2. 3. 4. 5. *M. Hypophyllum livescens*

La Bisote O.

Tom. II. p. 177.

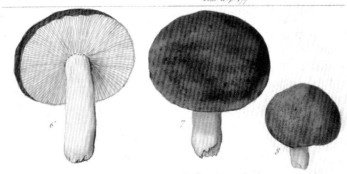

Fig. 6. 7. 8. *M. Hypophyllum russula*

La Rougeote ordinaire O.

Tom. II. p. 177.

Cuevar del.

Renard Sculp

PL. XCIII.

Fig. 1.2. *Hypophyllum turbinatum*
    La Toupie pelure d'Oignon ☉ *Tom. 2. p. 201.*

Fig. 3. *Hypophyllum violaceum*
    Le Champignon violet ○ *Tom. 2. p. 202.*

Fig. 4.5. *Hypophyllum lobuleforme*
    Le Moule de Bouton ○ *Tom. 2. p. 202.*

Fig. 6. *Hypophyllum personatum*
    Le Champignon masqué ou mascarille ☉ *Tom. 2. p. 203.*

Fig. 7. *Hypophyllum lepidopus*
    Le Bolet Trompeur △ *Tom. 2. p. 203.*

Fig. 8.9. *Hypophyllum depressum*
    Le Baffet ou Teteron ☉ *Tom. 2. p. 204.*

Fossier del.   *Tourcaty sculp.*

PL. III.

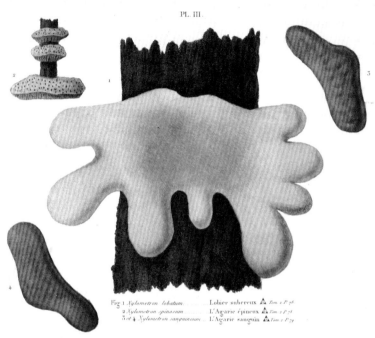

Fig. 1 *Xylometron lobatum* . . . . Lobier subéreux 🔺 *Tom. 2 P. 76*
2 *Xylometron spinosum* . . . . . . L'Agaric épineux 🔺 *Tom. 2 P. 78*
3 et 4 *Xylometron sanguineum* . . . L'Agaric sanguin 🔺 *Tom. 2 P. 79*

PL. XI.

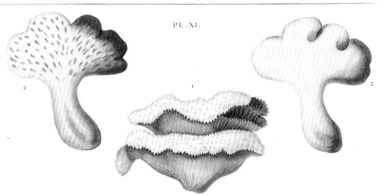

Fig. 1 *Tremella mesenterica Murray* . . . Le Gélatineux à soies △ *Tom. 2 P. 96*
2 et 3 *Tremella hydnoides Jacquin* . . Le Gélatineux à Papilles △ *Tom. 2. P. 97*

Brind Paulet del.   Smith sculp.

PL. IV.

PL. CXXXI.

Henri Paulet del.

Smith sc.

PL . XCVIII.

Henriet Paulet del.

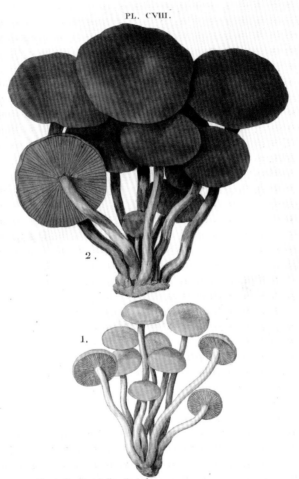

PL. CVIII.

2.

1.

Fig. 1. 2. *Hypophyllum fasciculare*
Les Tetes de feu olivatres . ▲ . *Tom. 2. pag. 224.*

Passier Del.

Dubois Gme du Roi Sculpt.

PL. LXIX.

Fig. 1. M.... *Hypophyllum umbrinum*).

Le Laiteux poivré terre d'ombre. O

Tom. 2. p. 168.

Fig. 2. M.... *Hypophyllum nigrum*).

Le Laiteux poivré noir O

Tom. 2 p. 168.

Fig. 3. 4. M.... *Hypophyllum viride*).

Le Laiteux poivré vert. O

Tom. 2 p. 169.

PL. LXVIII.

ag. controversus. b. Gpe. p. 395.

Fig. 1. 2. 3. 4. M ... *Hypophyllum piperatum* .

Le Laiteux poivré blanc ⊖.

Tom 1. p. 265.

Favar del

2. 3. 4. ag. piperatus. b. Gpe. P. 340 - 28.

Renard Sculp

PL. CLVI. bis.

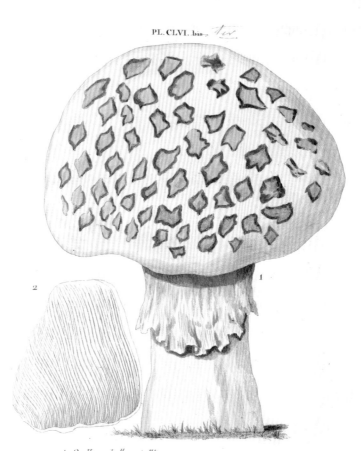

1. 2 *Hypophyllum pellitum*

Oronge peauciere de Picardie

En 1812, trois demoiselles des environs de Guise, en Picardie, cueillent imprudemment cette espèce, et en deviennent les victimes : fait rendu public et attesté par le Préfet du département de l'aisne.

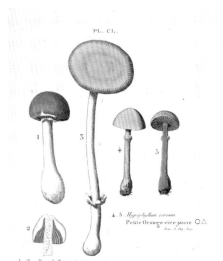

PL. CL.

4 . 5 . *Hygophyllum ceraum*
Petite Oronge cire jaune ○△
Tom . 2 . pag . 249 .

1 . 2 . *Hygophyllum ceraum*
Oronge gercée ○ . *Tom . 2 . pag . 249 .*
5 . *Hygophyllum elatum*
Oronge satinée et raiée ○ . *Tom . 2 . pag . 8*

PL. CXL.

Fig . 1 . 2 . *Hygophyllum flocculatum*
Fig . 1 . 2 . Le Faucon rubanier . ○ . *Tom . 2 . p . 398*

PL. CXXXIX (bis)

Fig . 1 . 2 . *Hypodendrum mucidum*
Le Collet muqueux du hêtre

*Ce Champignon automnal, tout blanc , ne croît que sur le hêtre : il est couvert
de mucosité , n'a presque pas de chair : d'un usage suspect .*

Poussin Del .   *Tourostly Sculp .*

PL. CLV.

Fig . 1 .
Fig . 2 .
Fig . 3 .
Fig . 4 .

1 . 2 . 5 . 4 . *Hygophyllum virosum*
Oronge cigue jaunatre ▲ *Tom . 2 . pag . 341 et 242 .*

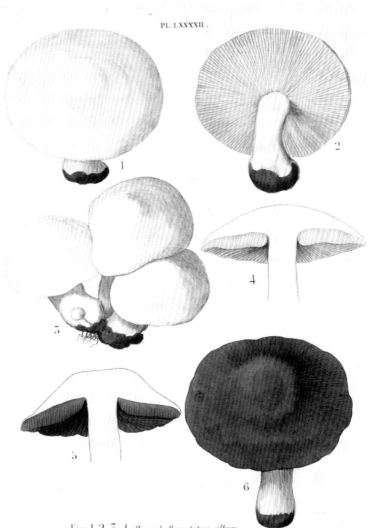

PL. LXXXXII.

Fig. 1. 2. 3. 4. *Hypophyllum totum album*.
Le Champignon tout blanc. O *Tome 2. page 200.*

Fig. 5. 6. *Hypophyllum pseudocampestre*
Le Champignon de couche
marron tardif non colleté......O *Tome 2. page 201.*

Sossier del.

Tourcaty Sculp.

PL. CXXXIII.

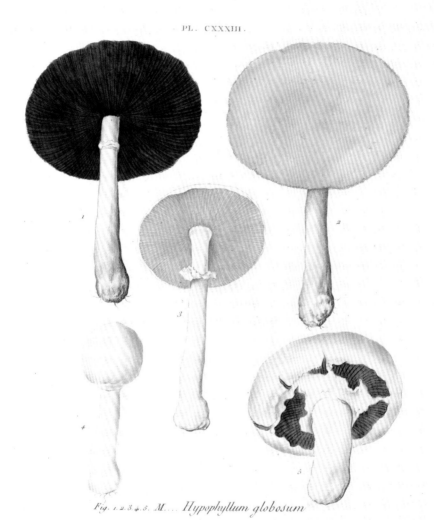

Fig. 1. 2. 3. 4. 5. M... Hypophyllum globosum

La Boule de neige. O. c.

Foussier del.

Tom. II p. 285.

Renard Sculp.

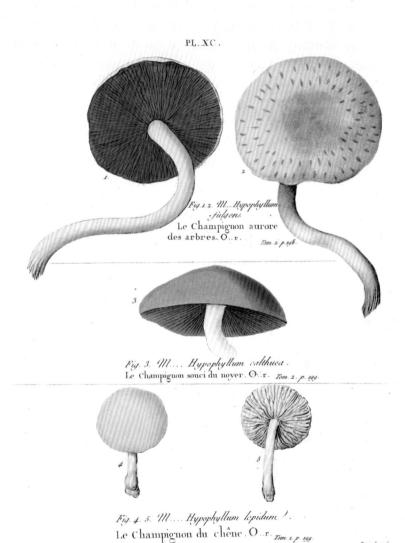

PL. XC.

Fig. 1. 2. M.... Hypophyllum
-fulgens.
Le Champignon aurore
des arbres. O. r.   Tom. 2. p. 198.

Fig. 3. M.... Hypophyllum calthaea.
Le champignon souci du noyer. O. r.   Tom. 2. p. 199.

Fig. 4. 5. M.... Hypophyllum lepidum.
Le Champignon du chêne. O. r.   Tom. 2. p. 199.

Rovvir del.   Renard sculp.

PL. C.

Fig. 1 et 2. *M. Hypophyllum. Cobox.* La quenouille à fossette. .... ⊖ *Tom. 2 p. 224*

3 4 5.6. { *Agaricus xanthinus. Batsch.*
{ *Agaricus amethystinus N.* Le champignon améthiste, *grand et petit.* 🔺 115

Dendrosarcos imbricatus.
L'Agaric flamme O r

PL. X.   *Pl. VIII.*

PL. IX.

Pyreium fomentarium. Le Sabot subereux. Pl. IX. *Tom. 1 P. 93. Fig. 1 2 3.*

Pyreum vernicosum. Agaric amadou verni, ou Agaric truelle Pl. X. *Tom. 1 P. 93. Fig. 1.*

PL. XXXV *bis.*

M.... Hypothelē   indigofēra.

Chevrete bleue, à odeur d'iris de Florence . ▲ r.

Pinson delin.   Renard Sculp.

PL. CCII.

Marini Paulet del.

PL. CCIV.

PL. CXCIII.

Fig. 1, 2, 3, 4. *Clavaria coralloides*. Lin. . . . . Barbe de chèvre ordinaire. ⊙ Tom. 1. P. 445.

4 Bis. *Clavaria purpurascens*. N. . . . . La Poule ou Gallinole. . . . . ⊙ . . . . 446.

5. *Clavaria laciniata*. Schaeffer. . La petite griffe. . . . . ○ . . . . 447.

Louis Paulet del.

Gérard sculp.

《植物的新属》

NOVA PLANTARVM GENERA

皮尔・安东尼奥・米凯利

PIER ANTONIO MICHELI

意大利　1792

　　这本图鉴收录了 1900 种植物和菌类，是 18 世纪真菌学领域最重要的著作。作者皮尔・安东尼奥・米凯利（1679—1737）被认为是真菌学的创始人。他出生于佛罗伦萨的贫穷家庭，从未接受过正式教育。他自学拉丁语，因为在植物学领域造诣甚高，被托斯卡纳大公任命为植物学家，在管理植物园之余撰写本书。如书名所示，书中收录了许多首次发现的种类，由米凯利命名的 Aspergillus（曲霉属）、Clathrus（笼头菌属）等名称，至今仍作为重要的真菌属名被广泛使用。

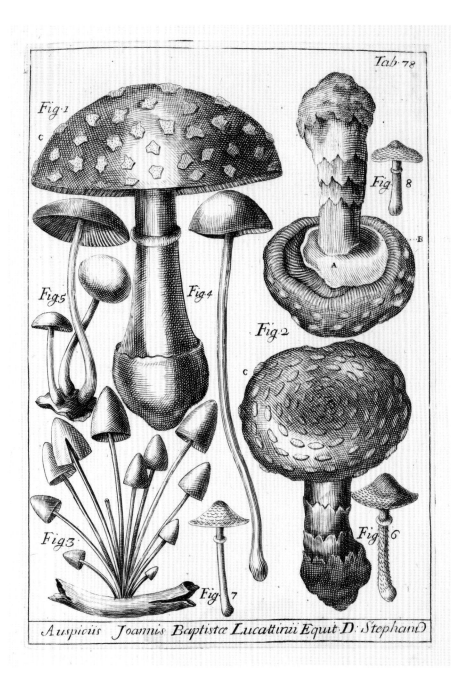

Tab. 78

Fig. 1

Fig. 8

Fig. 5

Fig. 4

Fig. 2

Fig. 3

Fig. 6

Fig. 7

Auspiciis Joannis Baptistæ Lucattinii Equit. D. Stephani

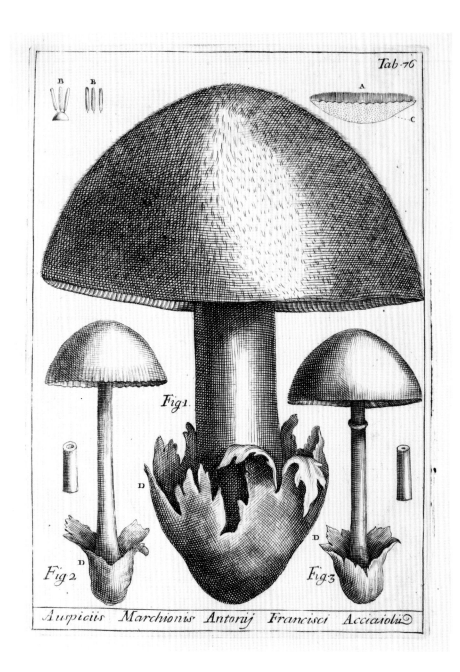

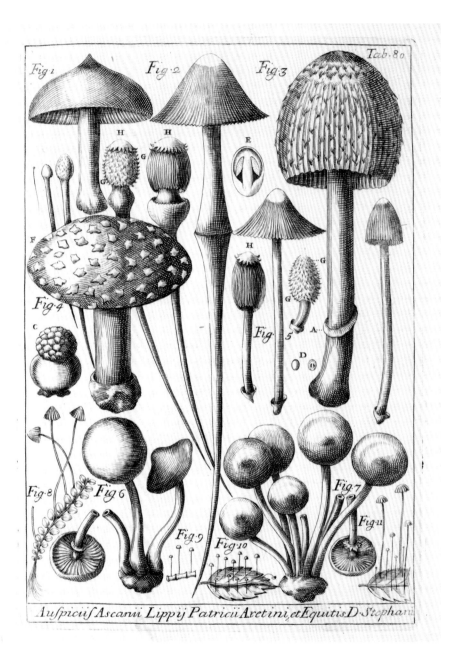

Ordo IV

Tab 62

A

D

B

C

Auspiciis Richardi Mead M.D. Regiæ Societatis Sodaly

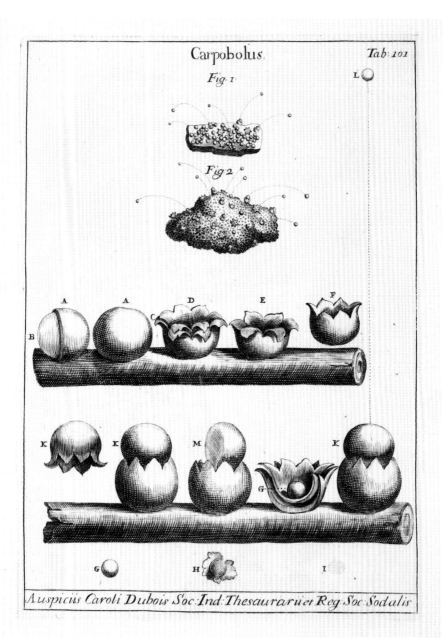

Carpobolus.

Tab. 101

Fig. 1

Fig. 2

Auspiciis Caroli Dubois Soc. Ind. Thesauraru et Reg. Soc. Sodalis

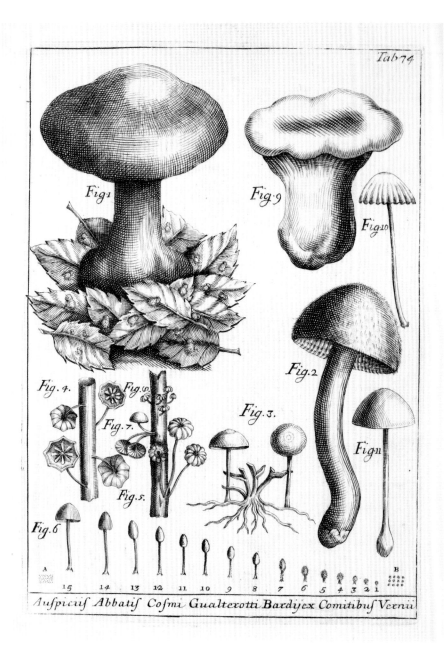

Tab. 74

Auspiciis Abbatis Cosmi Gualterotti Bardi ex Comitibus Vernii

Tab 79

Fig 1

Fig 9

Fig 2

Fig 10

Fig 5

A

Fig 3

Fig 6   Fig 4

Fig 8

B

Fig 7

Aufp. Vincentij Riccardij March. et D.Steph. Equit.

美丽的画、美丽的物种

吹春俊光

18—19 世纪的生物画，有一种试图在一幅画内将该物种的一切悉数展现的气魄，在印刷方面也动用了当时最高级的技术，非常厉害。比如《法国植物志》（收录于本书第 138～171 页）的蘑菇画，是用纤细到几乎无法用肉眼看见的线条绘成的。但是，你若透过放大镜仔细审视，会惊讶地发现铜版画的每一根线条颜色都不相同，那些有色线条集合在一起才将蘑菇的颜色呈现出来。这是用雕版技术（engraving）多色叠加印刷制成的，在当时属于极其高超的技术（很遗憾不能给大家展示原版）。这是用肉眼不能及的制作方式制成的图集。在那个时期，将神所创造的一切用精细的、美丽至极的方式

展现出来，可以说是生物学家的使命。这些图鉴绘制者曾兼任神职倒也显得理所当然了。

将神创造的新物种归类、记录的工作，如今在生物学领域仍持续推进。但是，像过去那样独具魅力的图鉴已然不再出现。如今，生物的 DNA（脱氧核糖核酸）成了最受重视的信息之一。基因序列研究带来的系统发生树，比以往任何研究都能更准确地描述神所创造的物种以及这个物种的演化历史。可惜的是，用绚丽色彩绘制而成的充满魅力的生物画已经离开了这个舞台。

通过读取遗传基因信息，新物种被准确分类。读取速度突飞猛进、不断进化

的基因测序仪，已经能够自动读取所有环境下的基因信息。并且，只有基因信息的新物种，正在全世界的数据库中飞速增加和积累。谁也没见过它们的形态。没有形态记录、只有基因信息的幽灵一般的新品种，作为硅芯片中的电子数据正在稳步增加。生物的多样性，已经不再如书中收录的图鉴这般以颜色和形状来呈现了。被数据化、电子化的基因信息的数量，成了反映地球生物多样性的最重要的指标。

让我们再来看一看收录于本书的图鉴。它们都很有个性，能鲜明地传达出制作者的热情。看着在当时被认为是彰显"科学性"的蘑菇纵切图，就连被切成两半的蘑菇也仿佛在优雅地摆弄姿态，它们的魅力令人沉醉。我们无法触摸、感知、沉醉于已然化身电子数据的基因信息。在这种时候，仅仅依靠视觉信息，将蘑菇的一切都浓缩于一本书中，图鉴的这些魅力，就更加耀眼了。

吹春俊光 TOSHIMITSU FUKIHARU

1959 年出生于日本福冈县。毕业于京都大学农学部农林生物专业。农学博士。"千叶县立房总之村"首席主任研究员。京都大学综合人类学部外聘讲师，主攻蘑菇博物学，也研究从动物粪尿、有尸体分解痕迹的地方长出的真菌。著有《蘑菇下有尸体沉睡?！菌丝织出不可思议的世界》（技术评论社）、《蘑菇乐园：享受发现的乐趣》（共著，山与溪谷社）、《小学馆的图鉴：NEO 植物》（共同执笔，小学馆）、《会思考的蘑菇：不可思议的世界》（共著，LIXIL 出版）等。

《意大利北部布雷西亚一带的菌类》

I MICETI DELL'AGRO BRESCIANO
DESCRITTI ED ILLUSTRATI CON FIGURE TRATTE DAL VERO

卡洛 · 安东尼奥 · 文丘里
CARLO ANTONIO VENTURI

意大利 1863

　　布雷西亚是意大利北部伦巴第大区的城市之一。卡洛 · 安东尼奥 · 文丘里（1805—1864）是活跃于布雷西亚的真菌学者。这本书中收录了64幅由文丘里绘制的图片，皆为手工上色。石版画版本则是彼得洛 · 贝尔托蒂（Pietro Bertotti，生卒年不详）绘制的。右页是橙盖鹅膏（食用菌）和毒蝇鹅膏（毒菌）的对比图，第48页由生态图（上）和白色背景的切面图（下）组成，像这样接近现代图鉴的构图比比皆是。这本书还有一个显著特征，即正确地描画出了蘑菇的形态，使用的手法类似写生。

1.2. Agaricus caesareus Scop.
3.4. Agaricus muscarius Linn.

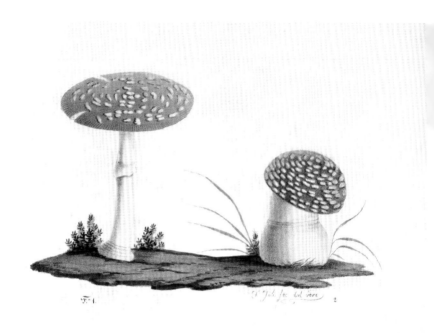

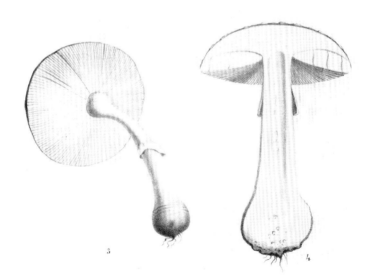

Agaricus pantherinus. D.C.

1.

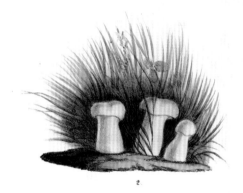

2

3.

Agaricus monceron . Bull.

T. VIII.

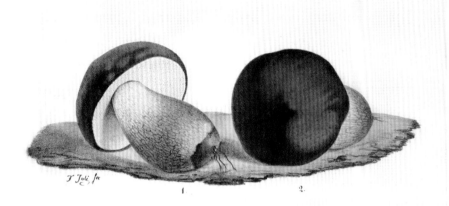

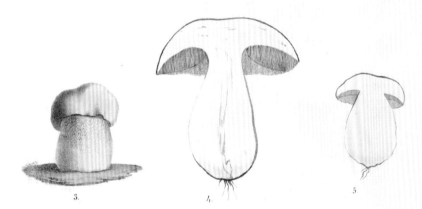

Boletus edulis. Bull.

T. IX.

Boletus Scaber . Fr .

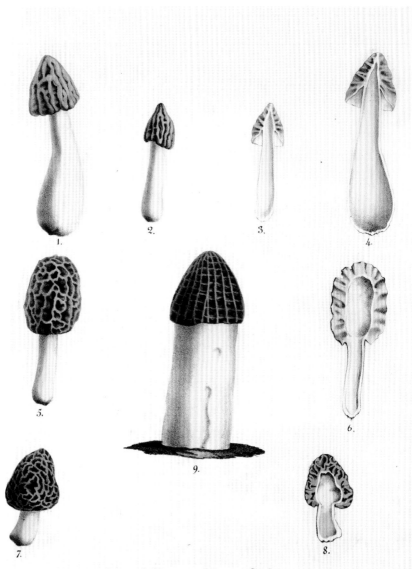

1.2.3.4. Morchella semilibera DC.
5.6.7.8. Mor. esculenta Pers.
9. Mor. costata Pers.

Boletus scaber Fr.

Agaricus volvaceus Bull.

Lit. di P. Bertotti

1. 2. 3. Agaricus prasinus Schaeff. 4. 5. Agaricus sulphureus Bull.

Milano Lit. di P. Fratelli.

Agaricus croceus. Bull.

T. XIII.

Agaricus squamosus Bull.

T. XXXIII.

1. 2. 3. Agaricus piperatus Bull. 4. 5. Agaricus sanguineus Bull.

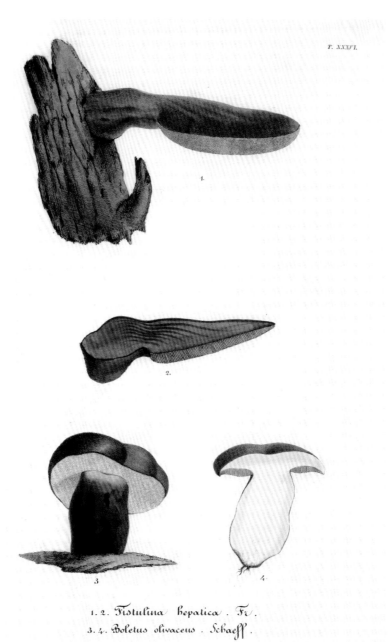

T. XXXVI.

1. 2. Fistulina hepatica . Fr .
3. 4. Boletus olivaceus . Schaeff .

1. 2. Helvella Monachella Fr.   3. 4. 5. Cantharellus cibarius Fr.
6. Peziza coccinea Jacq.   7. Peziza cerea Bull.

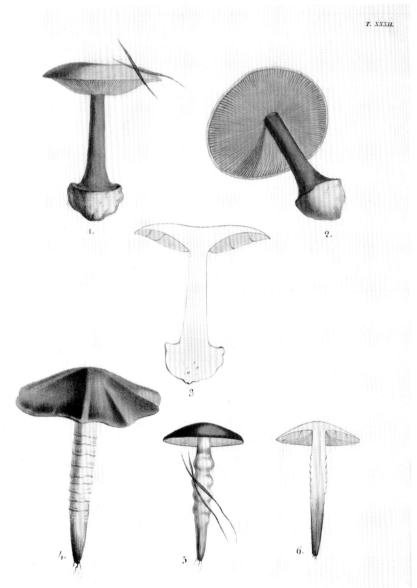

T. XXXII.

1.2.3. *Agaricus coerulescens Schaeff.* 4.5.6. *Agaricus collinitus Sow.*

T. LVIIII.

1.2. *Boletus citrinus* Nob.
3.4. *Boletus monstruosus* Nob.

Milano Lit. di F. Berdotti

1. 2. *Boletus lepiota N.*   3. 4. *Boletus cruentus N.*

《巴伐利亚-普法尔茨-雷根斯堡 一带的菌类原色彩色图鉴》

FVNGORVM QVI IN BAVARIA ET PALATINATV CIRCA RATISBONAM NASCVNTVR ICONES NATIVIS COLORIBVS EXPRESSAE

雅各布 · 克里斯蒂安 · 谢弗
JACOB CHRISTIAN SCHÄFFER

德国　1761—1767

　　这本书是德国最重要的菌类图鉴。虽然诞生于18世纪，但它依旧是质量最好的菌类图鉴之一。手工上色铜版画是18—19世纪盛行的豪华图鉴的主流制作手法，在这本书中，使用这种手法制作的图片有330幅。还有一点也很先进：书中图片还原了孢子和孢子印的真实颜色。作者雅各布 · 克里斯蒂安 · 谢弗活跃于德国南部的古都雷根斯堡，既是神职人员也是博物学家，为后人留下了数量庞大的著作。这本书的最初版本在1761—1767年分四册发行。书中收录的图鉴选自1800年发行的修订版。该版本保留了原版图片，只由真菌学家克里斯蒂安 · 亨德里克 · 珀森（Christiaan Hendrik Persoon，1761—1836）更新了解说部分。

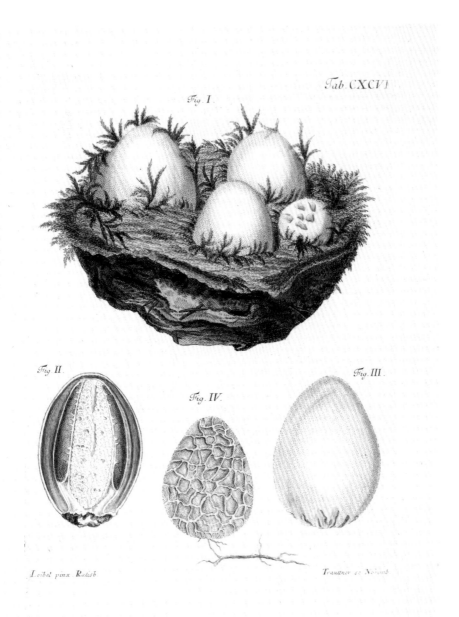

Tab. CXCVI

Fig. I.

Fig. II.

Fig. IV.

Fig. III.

Loibel pinx Ratisb

Trauttner sc Norimb

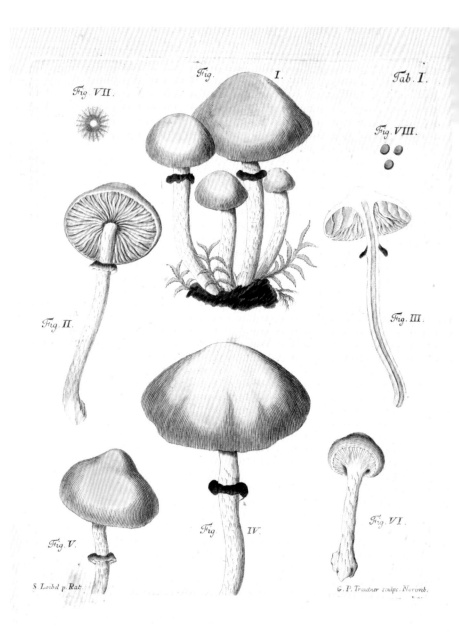

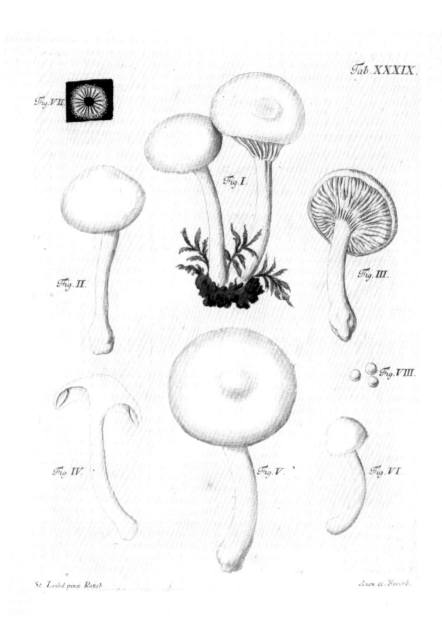

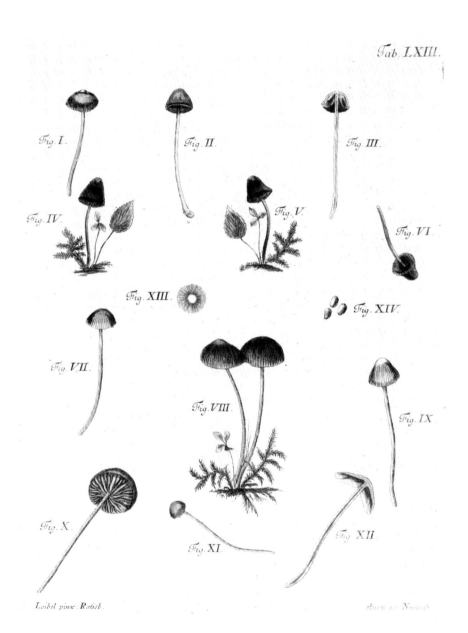

Tab. LXIII.

Fig. I.

Fig. II.

Fig. III.

Fig. IV.

Fig. V.

Fig. VI.

Fig. XIII.

Fig. XIV.

Fig. VII.

Fig. VIII.

Fig. IX.

Fig. X.

Fig. XI.

Fig. XII.

Loibel pinx Ratisb.

Auct in Noruch

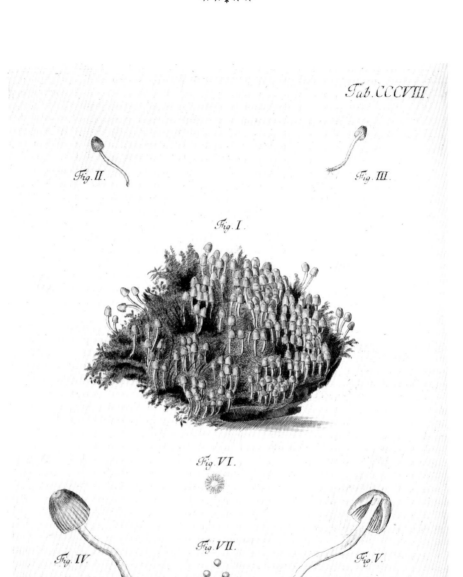

Tab. CCCVIII.

Fig. II.

Fig. III.

Fig. I.

Fig. VI.

Fig. IV.

Fig. VII.

Fig. V.

I. I. Rotermundt pinx. R.

St. Leibe sc. R.

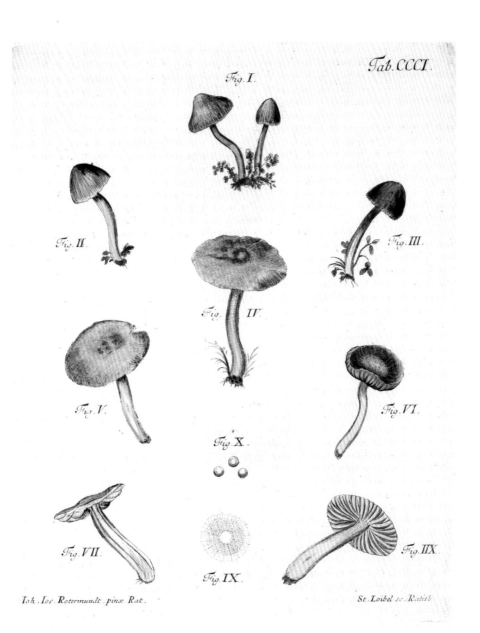

Tab. CCCI.

Fig. I.

Fig. II.

Fig. III.

Fig. IV.

Fig. V.

Fig. VI.

Fig. X.

Fig. VII.

Fig. IX.

Fig. IIX.

Ioh. Ios. Rotermundt. pinx. Rat.

St. Loibel sc. Ratisb.

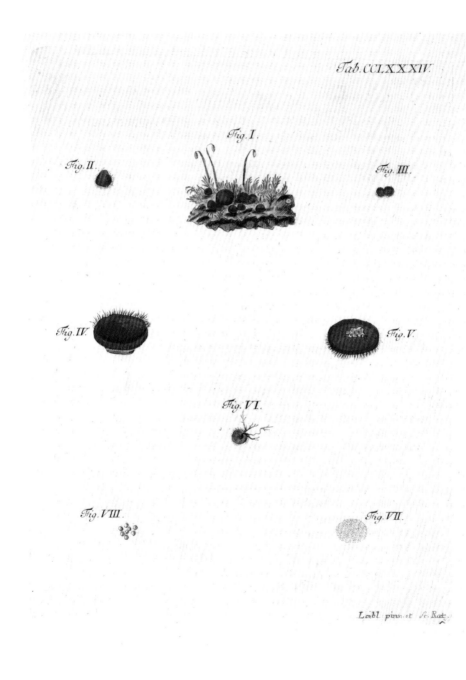

Tab. CCLXXXIV.

Fig. I.

Fig. II.

Fig. III.

Fig. IV.

Fig. V.

Fig. VI.

Fig. VIII.

Fig. VII.

Loibl pinx. et Sc. Rat.

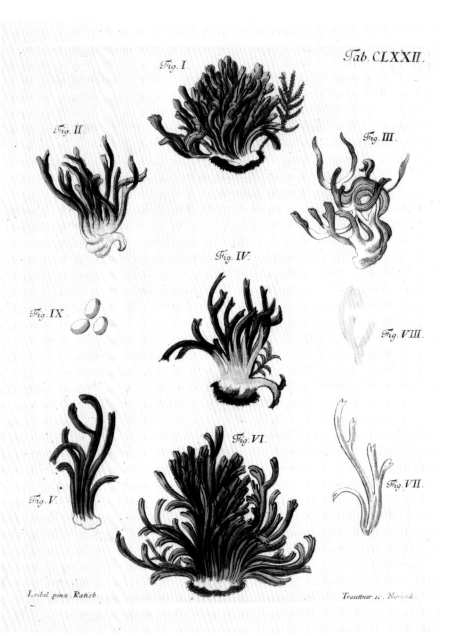

Tab. CLXXII.

Fig. I.

Fig. II.

Fig. III.

Fig. IV.

Fig. IX.

Fig. VIII.

Fig. V.

Fig. VI.

Fig. VII.

Loibel pinx. Ratisb.

Trauttner sc. Norimb.

Tab. CCXV.

Fig. I.

Fig. II.

St. L. p. R.

I. G. Fri. sc. R.

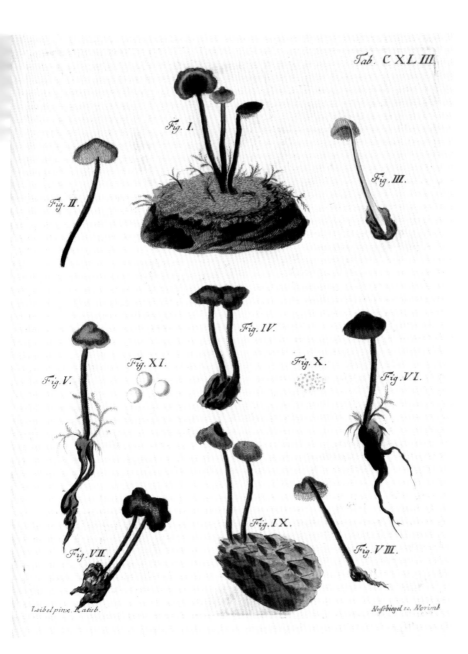

Tab. C XL III.

Fig. I.

Fig. II.

Fig. III.

Fig. IV.

Fig. V.

Fig. XI.

Fig. X.

Fig. VI.

Fig. VII.

Fig. IX.

Fig. VIII.

Leibel pinx. Ratisb.

Nussbiegel sc. Norimb

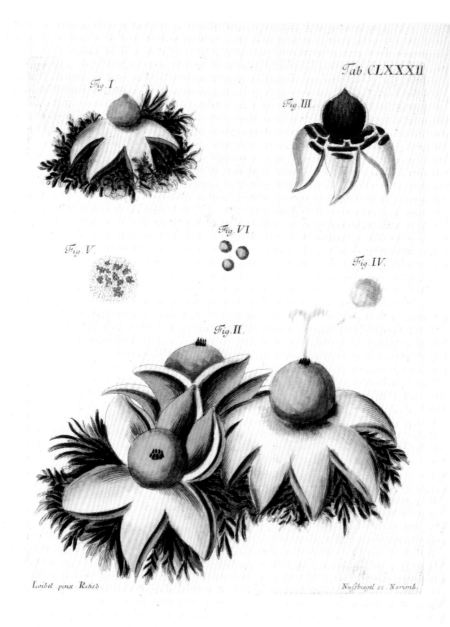

Tab. CLXXXII

Fig. I.

Fig. III.

Fig. V.

Fig. VI.

Fig. IV.

Fig. II.

Loibel pinx Ratisb

Nußbiegel sc. Norimb.

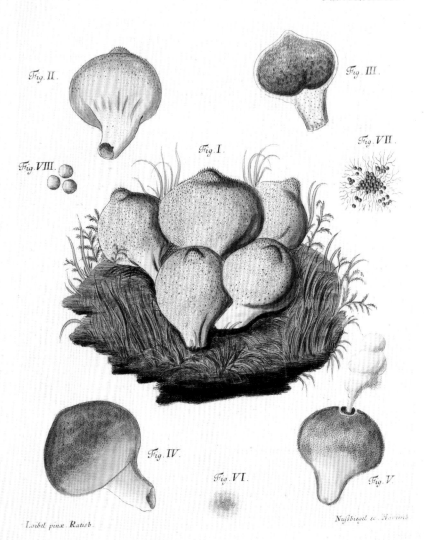

Tab. CLXXXV

Fig. II.

Fig. III.

Fig. VII.

Fig. I.

Fig. VIII.

Fig. IV.

Fig. VI.

Fig. V.

Loibel pinx. Ratisb.

Nußbiegel sc. Norimb.

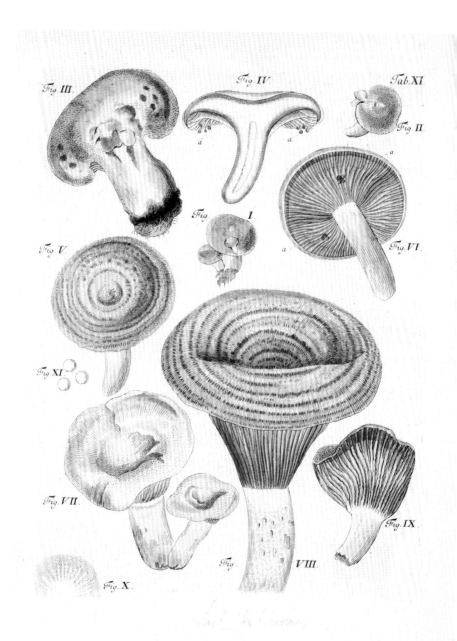

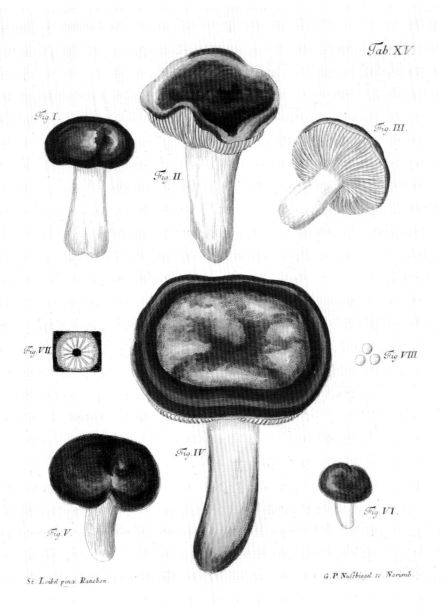

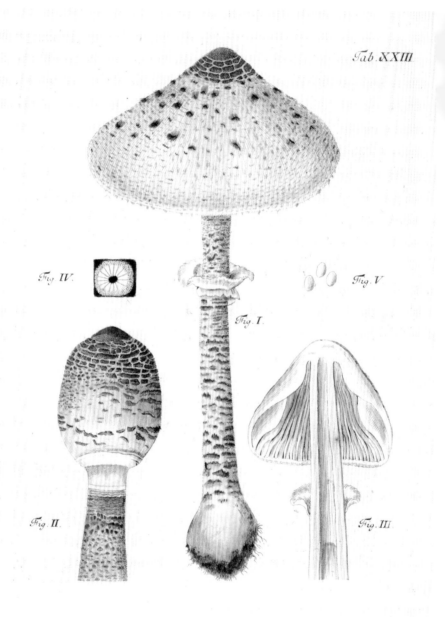

Tab. XXIII

Fig. IV.

Fig. V.

Fig. I.

Fig. II.

Fig. III.

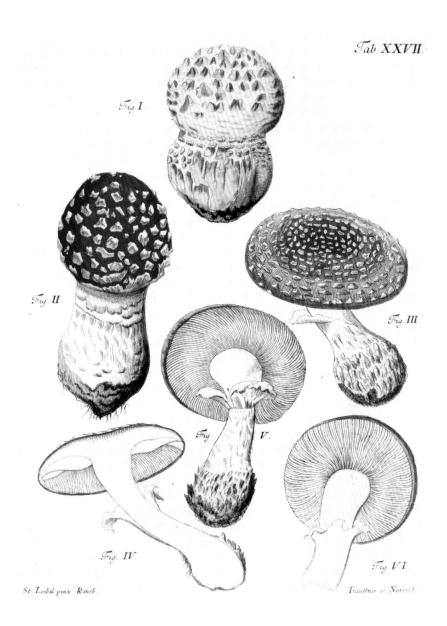

Tab. XXVII.

Fig. I.

Fig. II.

Fig. III.

Fig. V.

Fig. IV.

Fig. VI.

St. Loibl pinx Ratisb

Trauttner sc. Norimb

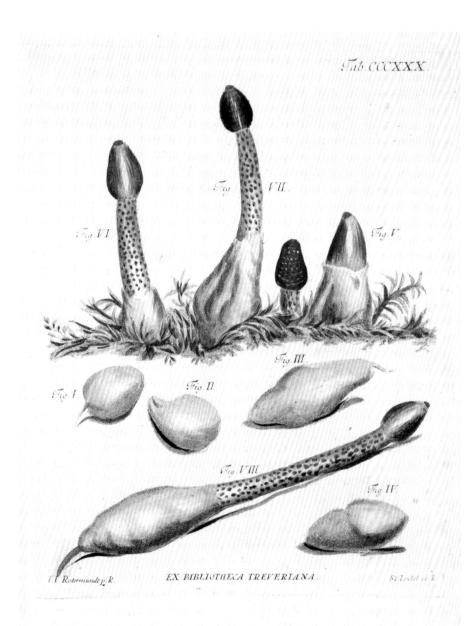

Tab. CCCXXX.

Fig. VII.

Fig. VI.

Fig. V.

Fig. III.

Fig. I.

Fig. II.

Fig. VIII.

Fig. IV.

I. I. Rotermundt p. R.   *EX BIBLIOTHECA TREVERIANA.*   St Ladol sc R.

COLUMN 2
专栏

蘑菇与童话故事
来自森林精灵的礼物

海野弘

英国人认为，蘑菇是精灵在深夜制成的魔法礼物。莎士比亚的《暴风雨》中也有制作蘑菇的精灵爱丽儿登场。20世纪初期的著名插画艺术家埃德蒙·杜拉克（Edmund Dulac, 1882—1953）精妙地描绘了这一场景。

蘑菇是在一夜之间长成的，因此被认为是魔法生物。在刘易斯·卡罗尔的《爱丽丝梦游仙境》中，爱丽丝变小之后撞上了巨大的蘑菇。在蘑菇上面，有一只青虫正用长长的烟管抽着水烟。这个蘑菇是魔法蘑菇，吃其中一边会让人变大，吃另一边则会让人变小。爱丽丝就是通过吃它来变大和变小的。书中约翰·坦尼尔（John Tenniel, 1820—

1914）的插画令人印象深刻。

从19世纪末开始，蘑菇经常出现在童话故事和它们的插画中。这与人们对自然风景越来越感兴趣、植物画得到普及后深得女性及孩子喜爱等因素密切相关。

人们开始去往森林、野外，观察那里的风景，比如花、草、树木和石头等。

插画艺术家亚瑟·拉克姆（Arthur Rackham, 1867—1939）很擅长画森林。他的画采用了从略高的位置窥视地面的视角，巧妙地表现出了小石子和青苔等在地面制造的纹理。当然，蘑菇也必不可少。从地面不断探出头来的蘑菇，时而是精灵或小矮人的雨伞，时而是椅子，

收录于《爱丽丝梦游仙境》
约翰·坦尼尔

时而是帽子，时而又是谁的家。

　　前往森林或野外，用源自市井的视角观察自然，趴在地上，把脸贴近地面，发现地面之上的各种惊奇，被其不可思议的形状所吸引。在 19 世纪，这一行为十分流行。

　　新艺术运动（Art Nouveau）同样深受蘑菇魅力的影响。埃米尔·加莱（Émile Gallé，1846—1904）是新艺术时期玻璃艺术的代名词，他的作品中也有蘑菇形状的灯具。他向远渡南锡（法国东北部城市）的日本人高岛北海学习日本的风景画和植物画，开拓了看待自然的新视角。加莱将天然形成的蘑菇造型用于灯具，投射出了诱人进入童话王国的魔幻光线。

海野弘　HIROSHI UNNO

1939 年出生。毕业于早稻田大学文学部俄罗斯文学专业。曾就职于出版社，之后从事写作活动，涉猎众多领域。著有《幻想文学介绍》（POPLAR Publishing）、《童话故事的幻想插画》、《优美与幻想的插画师：乔治·巴比尔》（PIE International）等。

《蒙吕松地区的大型菌类图鉴》

ATLAS DES CHAMPIGNONS DE L'ARRONDISSEMENT DE MONTLUÇON

让－路易斯·卢康

JEAN-LOUIS LUCAND

法国　1869—1871

　　这本由三位作者共同撰写的书，无论是书本身还是作者，在真菌学史上都不太出名，无法在重要的真菌学史料中找到痕迹。其他菌类图鉴都很追求写实性，这本书所呈现出的艺术性则极具特色。书中有很多石版画，也有很多蚀刻（etching）加工后用飞尘腐蚀法（aquatint）再现精美色调的铜版画。菌盖和菌褶的颜色想必是手工上色的。每一幅画都下了十足的功夫，图版的标题为手写，因此可以推测这本书的发行数量并不大。

2ᵉ Genre Agaricus.

Lepiota

Agaricus procerus Scop.
syn. Ag. colubrinus Bull
vulg. cocherelle.

Pd. Lucand
D'après Roques!

1ᵉʳ Genre Amanita

Amanita bulbosa Lamk.

Amanita muscaria Pers.

D'après Roques.

Amanita muscaria Pers.

L'après Roques.

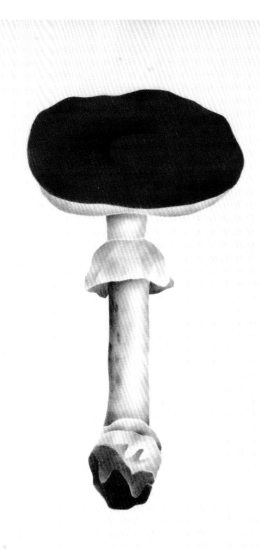

Amanita muscaria Pers. var. immaculata

D'après Roques.

Amanita caesarea Pers.

D'après Roques.

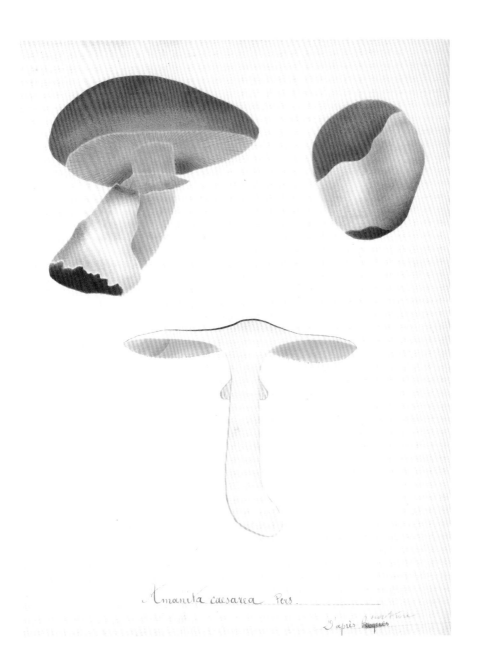

Amanita caesarea Pers.

D'après Quélet

Agaricus (Cortinarius) praestans Cordier champ. de France.

Del. Lucand

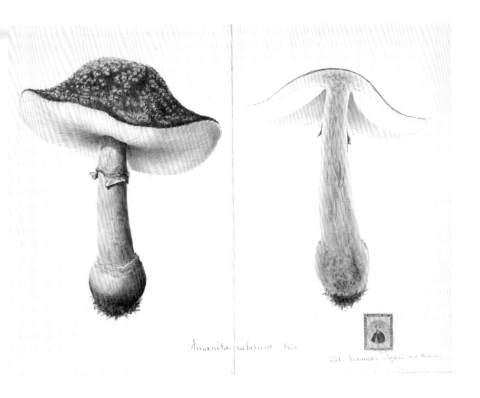

Amanita rubescens Fries

Del. Xxxxxx d'après nature

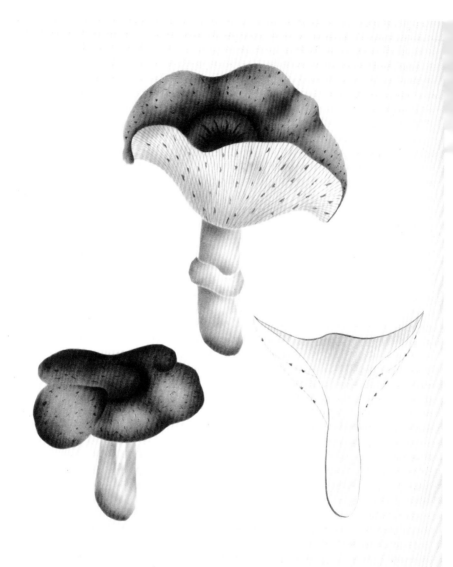

Agaricus Russula Schaeff.

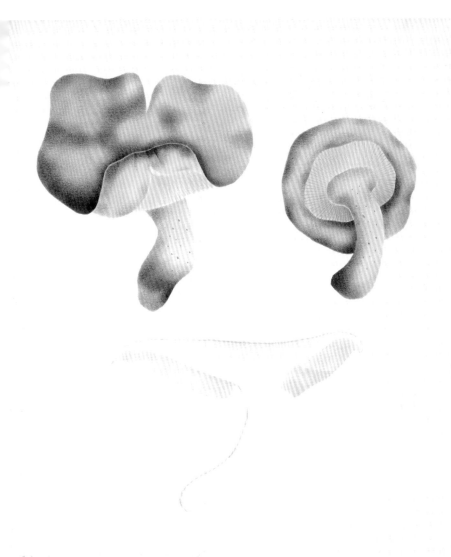

Tricholoma.　　　　　　Agaricus gambosus　Fr. Quél.

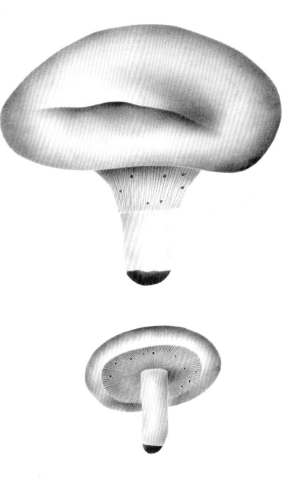

Agaricus (Lactarius) piperatus Scop

Jd. Lucand Jap
roques.

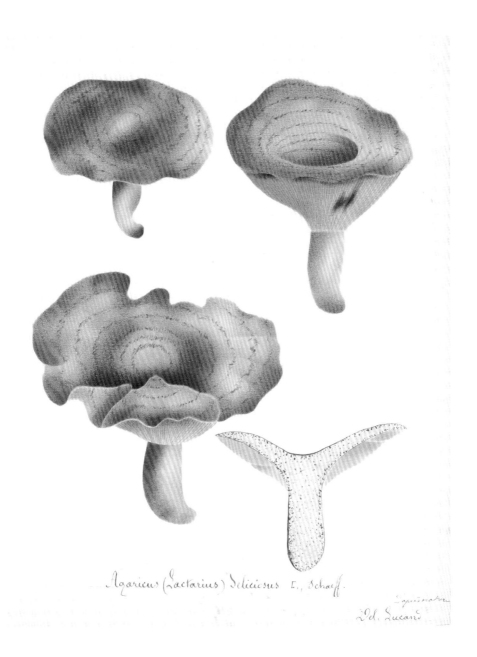

Agaricus (Lactarius) Deliciosus L., Schæff.

Del. Lucand

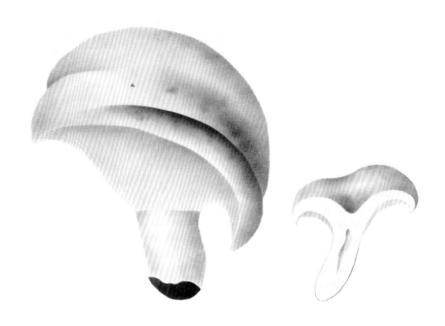

Agaricus (Lactarius) controversus Pers

Del. Lucand

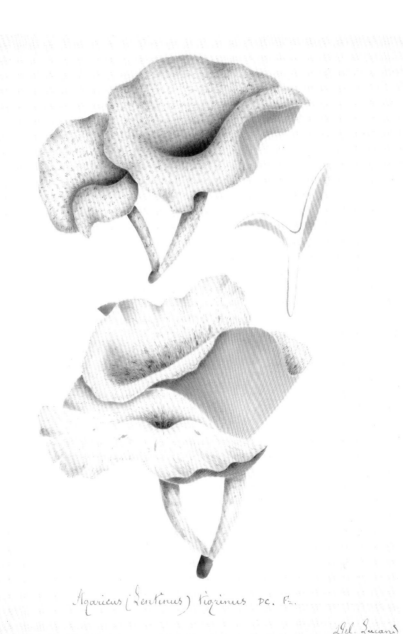

Agaricus (Lentinus) tigrinus DC. F.

Del. Lucand

Genre   Polyporus

123

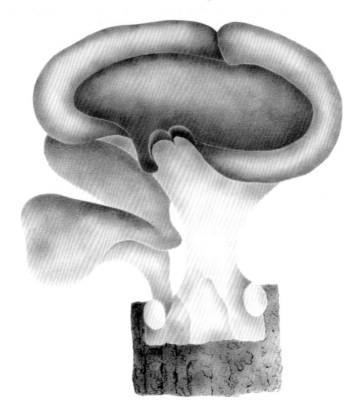

Agaricus (Hygrophorus) murinaceus Bull.

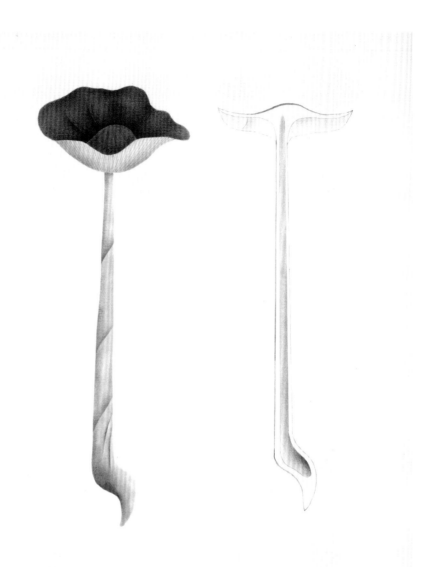

Collybia

Agaricus longipes Bull.

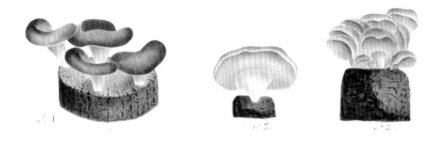

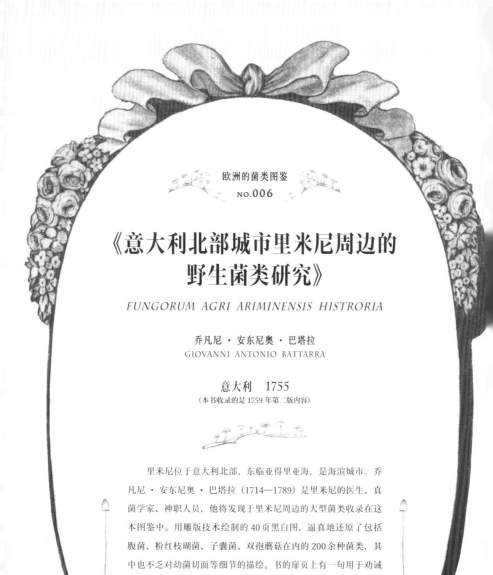

《意大利北部城市里米尼周边的野生菌类研究》

FUNGORUM AGRI ARIMINENSIS HISTRORIA

乔凡尼 · 安东尼奥 · 巴塔拉
GIOVANNI ANTONIO BATTARRA

意大利　1755

（本书收录的是 1759 年第二版内容）

里米尼位于意大利北部，东临亚得里亚海，是海滨城市。乔凡尼 · 安东尼奥 · 巴塔拉（1714—1789）是里米尼的医生、真菌学家、神职人员，他将发现于里米尼周边的大型菌类收录在这本图鉴中。用雕版技术绘制的 40 页黑白图，逼真地还原了包括腹菌、粉红枝瑚菌、子囊菌、双孢蘑菇在内的 200 余种菌类，其中也不乏对幼菌切面等细节的描绘。书的扉页上有一句用于劝诫的希腊语："吾虽研究蘑菇，但不食之。"他驳斥了当时认为菌菇是腐烂之物的观点，主张菌菇是由孢子长成的植物。为了表达对他的敬意，著名真菌学家克里斯蒂安 · 亨德里克 · 珀森用他的姓氏"巴塔拉"命名了钉灰包属（Battarrea，1801 年，担子菌门）。

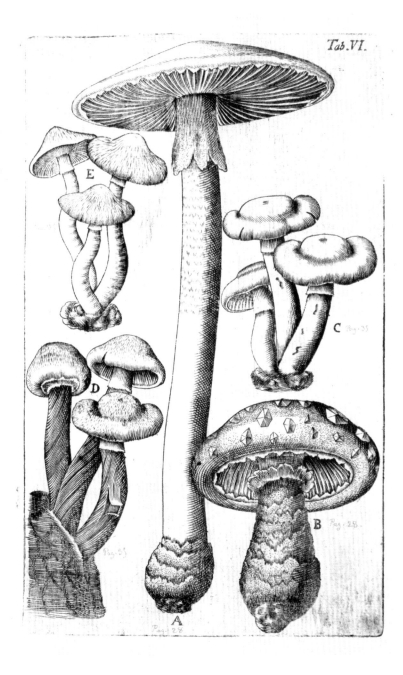

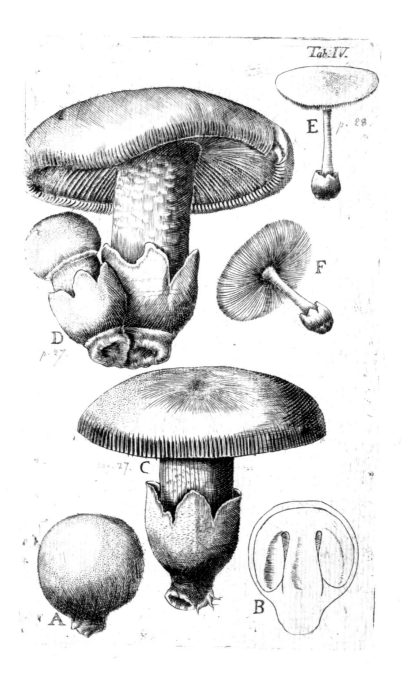

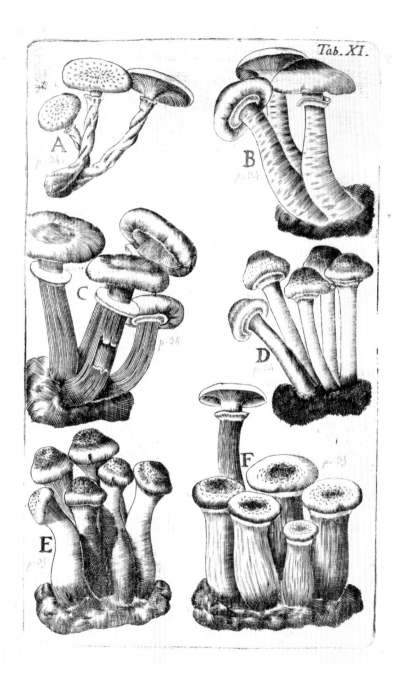

Tab. XI.

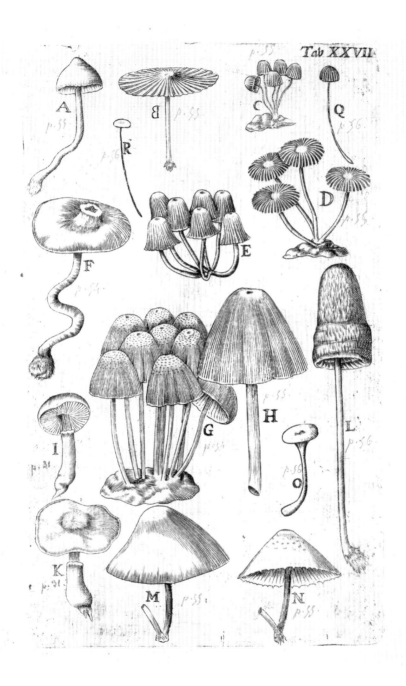

《蘑菇图鉴》是蘑菇的"肖像画"

铃木安一郎

现代艺术家都很喜欢以蘑菇为主题创作作品，比如赛·托姆布雷（Cy Twombly, 1928—2011）的蘑菇系列、卡斯滕·霍勒（Carsten Höller, 1961— ）的《倒置的蘑菇屋》（*Upside Down Mushroom Room*）以及草间弥生的《毒蘑菇》等。

艺术家或许是被蘑菇极具魅力的色彩与造型所俘获，也或许与表面形态无关，而是以与蘑菇相关的神话、礼节、致幻效果等特征作为作品概念。不管怎么说，无论哪个作品都充满了魅力，能给观者留下极为深刻的印象。在艺术创作中，蘑菇是一种独特的存在。这本《蘑菇图鉴》中收录的画作与这些现代艺术作品全然不同。而且，它们没有描画蘑菇生长于森林、山地的景象，仅仅呈现了作为个体的蘑菇，

可以说是蘑菇的"肖像画"。无论是欧洲的菌类图鉴还是日本的菌类图鉴，其制作的目的都是研究，因此以这种方式呈现也是理所应当。

欧洲的图鉴大多收录在植物学相关的书籍中，并且使用了雕版技术、蚀刻技术、石版印刷技术、飞尘腐蚀法、手工上色等当时的顶尖技术。为了让图鉴以科学、正确的方式呈现出来，制作人员下足了功夫。从《本草图谱》的作者岩崎灌园的活跃时期推测，他应该也从这批欧洲植物学书籍中获得了不少启发。南方熊楠的标本写生图笔法纯熟，看起来像是学习了西方的素描技术。总而言之，无论哪本图鉴，都直观地传达了科学家对菌类的热爱。

即便用摄制的图鉴一一对照自己在

出自展览"原始森林（of virgin forest）"
浅橙黄鹅膏（Amanita hemibapha）
富士山，2011 年 9 月 26 日

森林、山地找到的蘑菇，也很难准确地知道它到底属于什么种类。这类图鉴收录的蘑菇照片过于强调"模特"的个体特征，反而很容易忽视其类别的综合特征。绘制的图鉴则不同，它们通常是研究人员、画师经过深入的观察之后，将同一种类的特征进行有条理的整理和归纳，并且在必要时做一些变形处理，巧妙地避免个体差异，比摄制的图鉴更容易对应到具体种类。这和犯罪心理画像用画像而不是照片的原因有些类似。

蘑菇是由菌丝体组成的子实体，可以说是生长于草木之间的花朵。像根系一样在森林中蔓延的菌丝一般无法用肉眼看见。正因为如此，突然冒出的蘑菇的姿态才令人犹为怜爱。

不得不提的是蘑菇充满魅力的色彩与造型，特别是一些独具幽默感的造型，看上去实在过于奇特。我拍摄蘑菇的本意是为了记住它们的名称，但是现在已经完全被它们吸引了，会经常去森林漫步，创作作品。

铃木安一郎 YASUICHIRO SUZUKI

1963 年出生于日本静冈县。毕业于东京艺术大学美术学部设计专业。在女子美术大学、横滨美术大学、文教大学担任外聘讲师。主要创作平面作品，以个展或群展的形式发布。现任画廊顾问，也负责策划、运营国际化展览。2010 年出版第一本摄影集《蘑菇书》（PIE International），开启了自己的摄影师生涯。2012 年 3 月受邀在巴西圣保罗举办展览"LIGAÇÃO ORGÂNICA"（意为"有机组合"）。

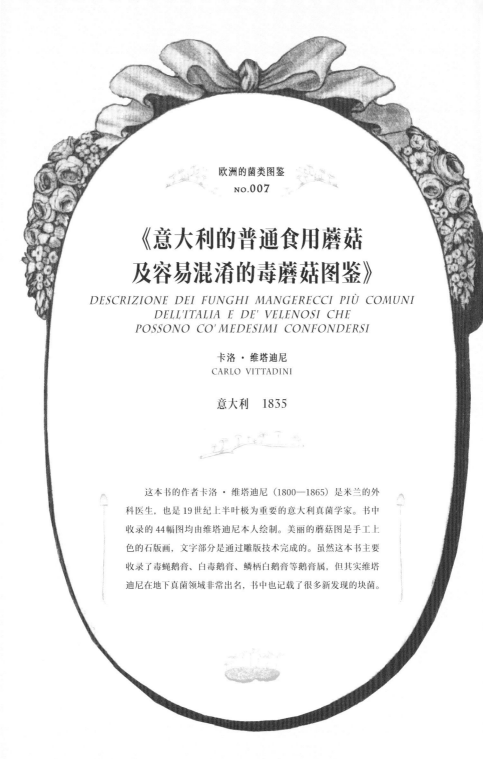

《意大利的普通食用蘑菇及容易混淆的毒蘑菇图鉴》

DESCRIZIONE DEI FUNGHI MANGERECCI PIÙ COMUNI DELL'ITALIA E DE' VELENOSI CHE POSSONO CO' MEDESIMI CONFONDERSI

卡洛·维塔迪尼

CARLO VITTADINI

意大利 1835

这本书的作者卡洛·维塔迪尼（1800—1865）是米兰的外科医生，也是19世纪上半叶极为重要的意大利真菌学家。书中收录的44幅图均由维塔迪尼本人绘制。美丽的蘑菇图是手工上色的石版画，文字部分是通过雕版技术完成的。虽然这本书主要收录了毒蝇鹅膏、白毒鹅膏、鳞柄白鹅膏等鹅膏属，但其实维塔迪尼在地下真菌领域非常出名，书中也记载了很多新发现的块菌。

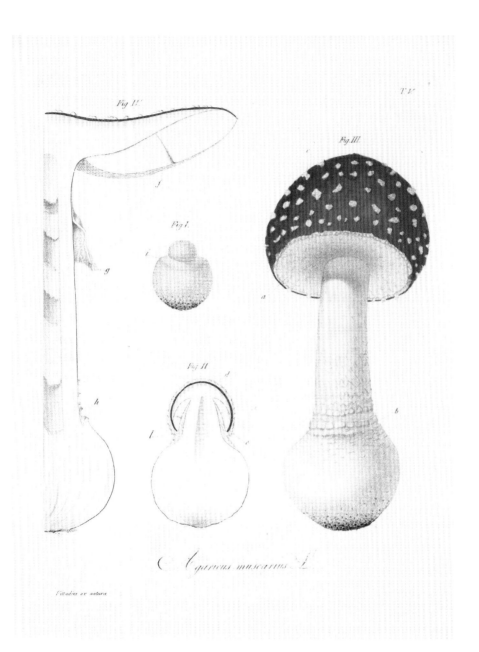

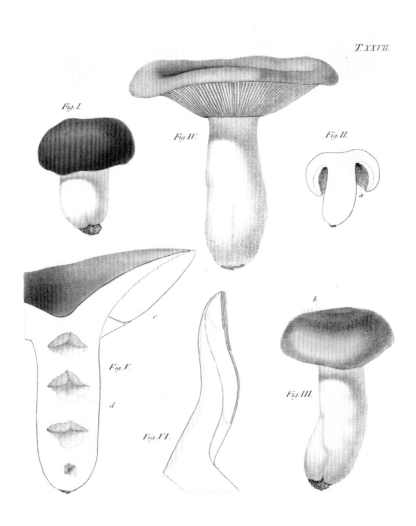

Agaricus hetero-phyllus Fr.

Vittadini ex natura

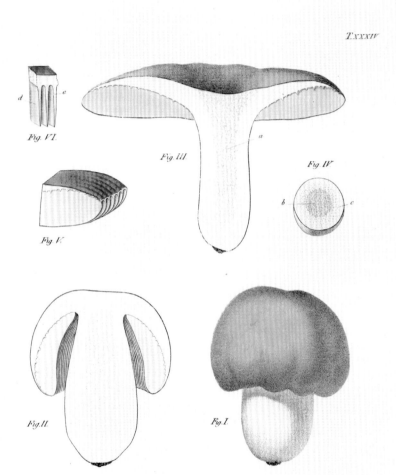

Agaricus alutaceus Fr.

Vittadini ex natura

T. XXXVIII.

Agaricus emeticus, Schaeff.

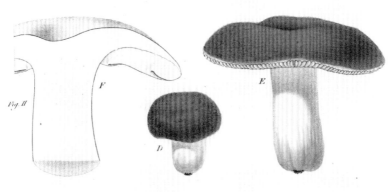

Agaricus sanguineus, Bull.

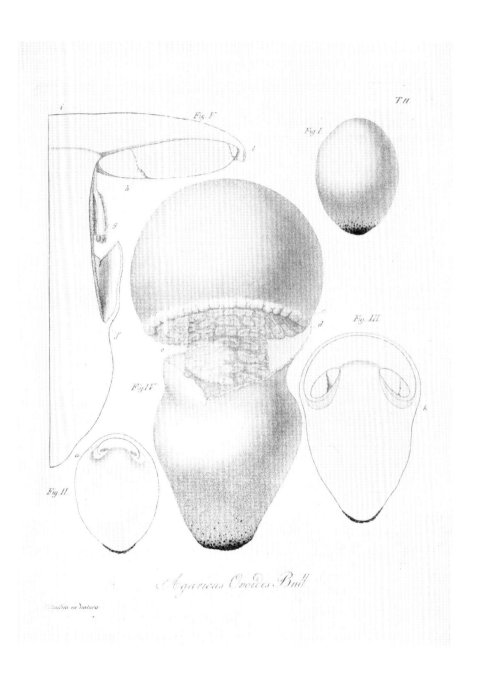

Agaricus Ovoicus Bull

Agaricus melleus Vahl.

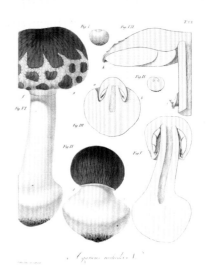

Agaricus recutitus L.

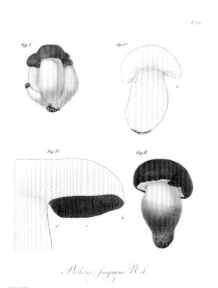

Boletus fragrans Vit.

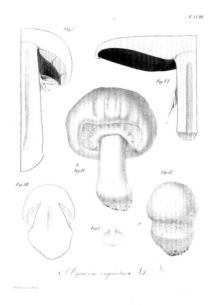

Agaricus exquisitus Vit.

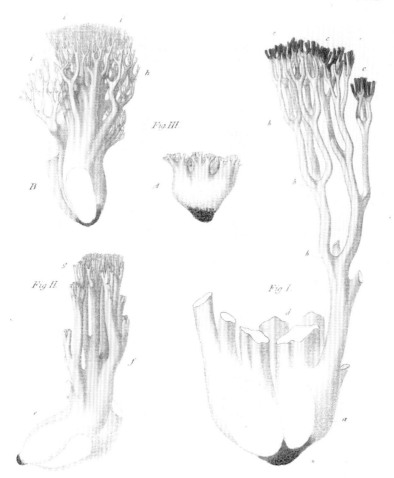

Fig 1. Clavaria Botrytis P. Fig. II C. flava Schaeff. Fig. III. C. lutea

Villadini ex natura

《法国及其周边国家的食用蘑菇和毒蘑菇图鉴》

ATLAS DES CHAMPIGNONS COMESTIBLES ET VÉNÉNEUX
DE LA FRANCE ET DES PAYS CIRCONVOISINS

欧内斯特·罗泽
ERNEST ROZE

法国　1888

这本书分两个部分，分别介绍法国及其周边国家的食用蘑菇和毒蘑菇。作者欧内斯特·罗泽（1800—1900）既是真菌学家也是诗人，书中收录了他的真菌学研究论文以及72幅色彩丰富的图片，介绍了229种食用蘑菇。柔和的色调是这些图片的特征。制作上采用了石版印刷技术——版画中较为近代的手法，且到处都有手工上色的痕迹。

Planche LX. ESPÈCES SUSPECTES OU NUISIBLES.

Fig. 1 à 4 — Le Cèpe à joli pied *(Boletus calopus de Fries.).*   *Fig. 11 à 13* — Le Cèpe de Loup *(Boletus lupinus de Fries.).*
Fig. 5 à 8 — Le Cèpe noircissant *(Boletus nigrescens.).*   *Fig. 14 à 16* — Le Cèpe trompeur *(Boletus erythropus de Persoon.).*
Fig. 17 à 19 — Le Cèpe pourpré. *Boletus purpureus de Fries.).*

ESPÈCES SUSPECTES OU NUISIBLES

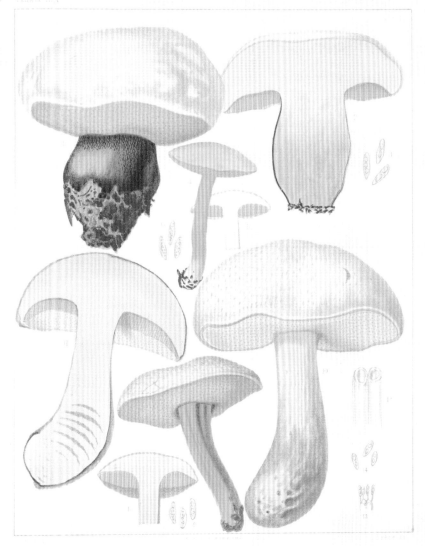

Planche I   ESPÈCE VÉNÉNEUSE

La Fausse Oronge (*Amanita muscaria* de Persoon)

ESPÈCE SUSPECTE.

Fig.139. La Pomme de Pin (*Boletus strobilaceus* de Fries).

ESPÈCE COMESTIBLE

Planche IV

L'Oronge blanche (Amanita ovoidea de Quélet)

ESPÈCES COMESTIBLES.

Planche LXVII.

Fig 1 à 3. La Coralloïde pourpre *(Clavaria Botrytis de Persoon).* *Fig 4 à 7.* La Coralloïde jaune *(Clavaria flava de Schæffer).*
Fig 8 à 15. Le Lycoperdon-Pilon *(Lycoperdon excipuliforme de Persoon).*

ESPÈCES SUSPECTES OU NUISIBLES

ESPÈCES COMESTIBLES.

Planche X

Fig. 1 à 5   La Boule de neige des Champs (Psalliota arvensis de Quélet)   Fig 11 à 14   Le Gros Pied (Psalliota Bernardii de Quélet)

Fig 6 à 10   La Boule de neige des Vignes (Psalliota cretacea de Quélet)   Fig 15 à 17   La Boule de neige bâtarde (Lepiota holosericea de Gillet)

ESPÈCES COMESTIBLES.

Planche XIV.

Fig 1 à 11   Le Champignon de couche (Psalliota campestris de Quelet.)
Fig 12 à 18   La Boule de neige niveuse (Psalliota bitorquis de Quelet.)

Planche XXXIII.

ESPÈCES SUSPECTES OU NUISIBLES.

Fig 1 à 4. - Le Vert de gris *(Stropharia æruginosa de Quélet)*.
Fig 5 à 8. - Le Petit Vert de gris *(Stropharia albo cyanea de Quélet)*.
Fig 9 à 12. - Le Rosé *(Mycena pura de Quélet)*.

Fig 13 à 16. - Le Caméléon *(Mycena polianthina de Quélet)*.
Fig 17 à 20. - Le Gris de fer *(Leptonia serrulata de Quélet)*.
Fig 21 à 24. - Le Bleu d'acier *(Leptonia euchroa de Gillet)*.

《法国植物志》

JEAN BAPTISTE FRANÇOIS

皮埃尔 · 布雅德
PIERRE BULLIARD

法国 1780—1809

　　这本书虽名为"植物志"，实则其 602 幅图片中有 484 幅是菌类，因此也可以称之为"菌类图鉴"。作者皮埃尔 · 布雅德（1752—1793）是植物学家，为后世留下了许多有关法国本地植物、菌类的著作。从幼菌到成菌的形态、菌盖和菌褶、子实体的切面、局部放大图等内容都囊括在一幅图中，上图下文的独特版式也是这本书的特征之一。此外，蘑菇表面的色泽和阴影也被非常细致地描绘了出来。线条部分用雕版技术呈现，准确度极高的色彩与阴影部分则使用了飞尘腐蚀法。这本书在制作上使用了相当复杂的技术，是菌类图鉴史上最奢华的绘制插图版。

L'AGARIC CLOU. FLOR FRANC

Agaricus clavus *L.S.P. Crypt. fung. 1644...* Fungus minimus auran. VAIL. T. XI *fig. 19. 20. on* rencontre assez communement vers la fin de l'été ce petit champignon sur le bois pourri, sur les feuilles mortes, sur la terre, et parmi la mousse. son chapeau est tres arrondi dans sa jeunesse, à mesure qu'il avance en âge, il se developpe, s'a-platit même quelquefois, mais ne fait jamais l'entonnoir. sa chair est blanche, transparente, continue avec celle du pedicule, feuillets mediocrement nombreux, divisée en presqu'autant de feuillets entiers que de parties de feuillets. ces feuillets en-tiers sont retrecis egalement aux deux extremités, ils touchent le pédicule mais n'ont aucune decurrence avec lui. pedicule continu, long, grèle, et plein.

N.B. On distingue quatre varietés de ce champignon... la fig. A. represente la plus grande, ses bords sont legerement godrennés, sa chair et ses feuillets sont quelquefois de la couleur du chapeau... la fig. B. represente la seconde varieté. ses bords sont tres godrennés et ses feuillets blancs...la fig. C. represente la troisieme. ses bords sont egaux. sa couleur d'un jaune pâle... la fig. D. represente la qua-trieme varieté. elle est remarquable par sa petitesse extreme et par son chapeau qui est toujours mamelonné... la fig. E. represente un des champignons de la premiere varieté coupé verticalement.

Il n'a ni mauvais goût ni mauvaise odeur.

OBS. On regarde encore comme une varieté de L'AGARIC CLOU un petit Agaric dont les feuillets rares, larges, et epais se pro-longent sur le pedicule; je pense au contraire que quelque soit sa ressemblance avec celui-ci, n'y auroit-il que la prolongation constante de ses feuillets sur le pedicule, on seroit forcé de le regarder comme une espece distincte et non pas comme une varieté.

OBSERVATIONS MICROSCOPIQUES Planche Ire

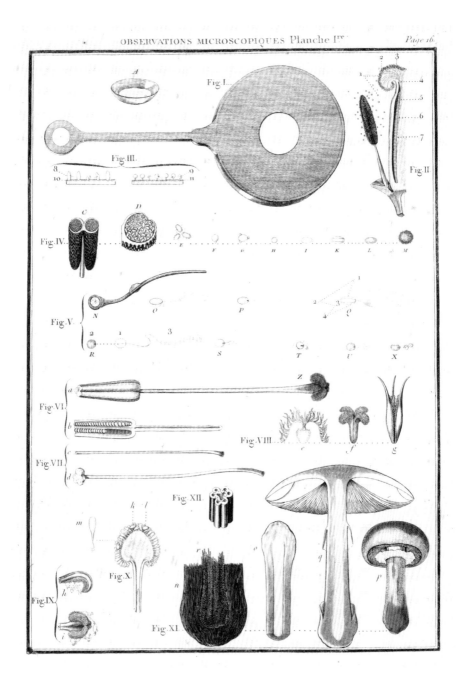

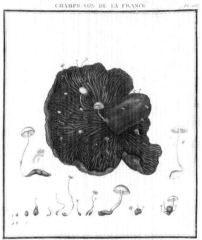

L'AGARIC TUBÉREUX.

Agaricus tubereux .. Ce Champignon un des plus intéressans que nous ayions en France se trouve au chaume

L'AGARIC EN FORME DE VESSE-LOUP.

Agaricus lycoperdonoides . Fungoidaster MICH tab.81, fig.2. Ce champ. se champ. en septembre

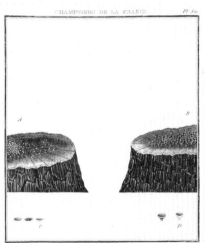

PÉZIZES LENTICULAIRES

Peziza lenticularis sessilis fig.A = Peziza lenticularis pedicellata Fig.B =
LA PÉZIZE LENTICULAIRE SESSILE fig.A et LA PÉZIZE LENTICULAIRE
PEDICULÉE fig.B se trouvent fréquemment en automne sur le vieux bois

L'AURICULAIRE TREMELLOIDE.

Auricularia tremelloides . Ce champignon est un des plus beaux et des plus curieux que nous ayions en france

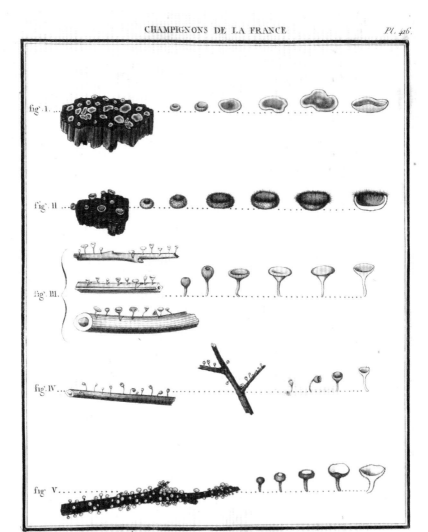

fig. I.

fig. II.

fig. III.

fig. IV.

fig. V.

LA PEZIZE CALLEUSE, Peziza callosa, fig. I. est commune sur les vieilles souches, elle est sessile, lisse en dedans, un peu pelucheuse en dehors; ses bords sont relevés, épais et moins colorés que le reste, il y en a d'ser dessein, de verdâtres et d'autres qui sont presque toute noire.

LA PEZIZE BARBUE, Peziza crinita fig. II. est fort rare; elle nient sur les vieilles souches, les coupeaux à demi pourris; elle est sessile, lisse en dedans, velue en dehors surtout en ser bords qui sont garnis de longs poils rudes, noirs et très apparens.

LA PEZIZE CYATHOIDE, Peziza cyathoidea fig. III. vient sur le bois et sur des tiges dessèchées de végétaux annuels; elle est lisse en dedans en dehors et sur ses bords; elle a un pédicule plus ou moins allongé, il y en a de blanches, de jaunes et de brunes.

LA PEZIZE COURONNÉE, Peziza coronata fig. IV vient sur des tiges d'Hyeble de Chanvre et d'Ortie, elle a un pédicule, elle est lisse en dedans et en dehors, ses bords sont couronnés d'un rang de poils très distincts.

LA PEZIZE CLANDESTINE, Peziza clandestina fig. V est la plus commune de toutes, mais on ne la trouve jamais que sous des amas de feuilles mortes; elle recouvre quelquefois toute la surface des petits rameaux auxquels elle est attachée, elle est pédiculée, lisse en dedans et pelucheuse en dehors, sa couleur est d'un gris cendré et ne varie point.

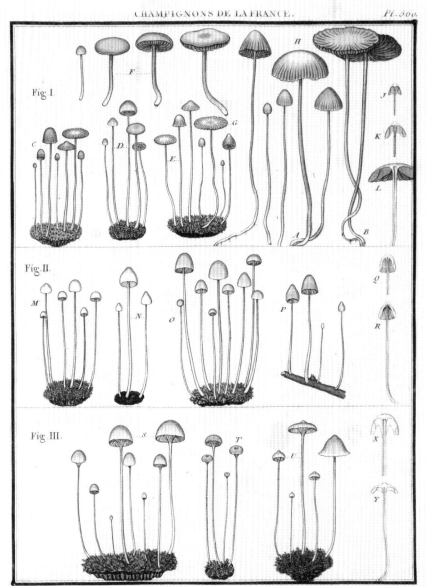

CHAMPIGNONS DE LA FRANCE. *Pl. 500.*

AGARIC MELINOÏDE. Fig I. . AGARIC ADONIS. Fig II . . AGARIC TENTATULE. Fig. III.

CHAMPIGNON DE LA FRANCE.

Pl. 330.

L'AGARIC VOLVACÉ MINEUR.

Agaricus volvaceus minor. On trouve ce joli champignon en août et septembre dans les bois, les jardins; il vient sur la terre et se plaît à l'exposition du midy...un volva complet et persistant renferme en son entier ce champignon dans l'état de jeunesse, ce volva se creve, le champignon en sort lentement et dans son parfait developpement il est rare que son pedicule ait plus d'un pouce et demi de haut et son chapeau plus de treize à quatorze lignes de diamètre; la superficie du chapeau semble recouverte d'un tissu drapé ou d'une legere toile d'araignée; ce champignon a peu de chair, ses feuillets sont larges, épais, peu nombreux, ceux qui sont entiers sont libres et distans du pédicule, le pédicule est evasé à son extremité superieure, continue avec la chair du chapeau, plein, transparent comme de la nacre de perles, il n'a point de collet, mais seulement un volva qu'il conserve tout le temps de son existence.

N: B. On voit ce champignon representé dans tous ses ages, la fig A en fait voir la coupe verticale.

Il n'a ni saveur, ni odeur determinées.

L'AGARIC RAMÉAL.

Agaricus rameals. *On trouve fréquemment ce champignon en automne sur des branches mortes tombées à terre et à-demi pourries, je l'ai rencontré nombre de fois sur des rameaux de chêne et d'orme et plus souvent encore sur ceux du bouleau, du rosier sauvage....son chapeau n'est jamais strié ni dentelé, il est bien arrondi dans l'état de jeunesse, mais dans un âge avancé il se déforme et de convexe qu'il étoit il devient concave . ses feuillets sont nombreux, divisés en feuillets entiers et en parties de feuillets , ses feuillets entiers se terminent en pointe sur le pédicule sur lequel ils ne sont cependant que contigus car ils s'en séparent lorsque le champignon est vieux et restent réunis entre eux.*

N. B. Les fig A et B représentent la coupe verticale de ce champignon dans différens âge et dessiné à la loupe.

A.

L'AGARIC ARDOISÉ.

Ag'aricus ardosiaceus. *On trouve ce champignon dans les prés les lieux humides en septembre et octobre; un pédicule fistuleux et blanc à son extremité inférieure porte un chapeau de couleur d'ardoise, lisse convexe dans l'état de jeunesse, séné et quelquefois creusé en entonnoir dans l'état de vieillesse; ce chapeau a fort peu de chair, il est doublé de feuillets larges, médiocrement épais et parfaitement libres, entre deux feuillets entiers il y a presque toujours cinq parties de feuillets.*

N. B. On voit ce champignon représenté dans tous ses âges et tous ses degrés de développement; la fig A représente sa coupe verticale.

Il n'a que faiblement le goût et l'odeur du champignon.

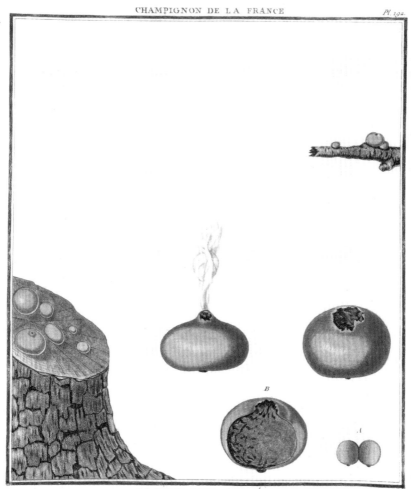

LA VESSE-LOUP ARDOISÉE

Lycoperdon ardosiaceum....*On trouve ce champignon en Automne sur les vieilles souches sur les branches mortes*
tombées à terre et dans les friches, les bruyeres parmi la mousse ... sa superficie est unie et quelquefois même un peu luisante ... si
l'on coupe cette Vesse-loup dans l'état de jeunesse on la trouve remplie d'une substance, ferme et rougeâtre ; à une certaine époque
et par une loix commune à toutes les especes du même genre cette substance se trouve changée en poussiere ; il se forme en-
suite à la partie supérieure du champignon une ouverture par laquelle cette poussiere s'échappe avec force ....cette espece
na que très peu de racine .
N...B. Ce champignon est representé dans tous ses âges.... en est en coupe verticale dans l'état de jeunesse fig A et dans l'état de vieillesse fig B .
Si l'on mâche cette vesse-loup, même quand elle est jeune, elle a un goût de pourri assez désagreable .

CHAMPIGNON DE LA FRANCE.

L'AGARIC BIFIDE.

Agaricus bifidus. on trouve ce champignon en juin et juillet, dans les bois, les terreins secs et arrides.
CHAPEAU ; dans sa jeunesse il est rond ; mais a mesure qu'il avance en âge il se développe et de
convexe qu'il étoit, il devient concave, sa superficie est comme moisie et farineuse. **FEUILLETS ;**
ils sont tous entiers, epais, peu nombreux, attachés au pedicule, et presque tous bifurqués, quelques
uns, cependant, sont trifurqués. **PEDICULE** plein dans sa jeunesse, il se creuse en vieillissant
ou devient spongieux, sa chair est sèche, très blanche, et de nature caseeuse,

N. B. la fig. A represente ce champignon dans l'etat de jeunesse, la fig. B le represente dans un âge plus
avancé, la fig. C dans l'etat de vieillesse, la fig. D le démontre coupé verticalement, la fig. E represente ses
feuillets.

Il a un goût de champignon fade et nauséeux, dans l'etat de vieillesse il est un peu salé et amere.

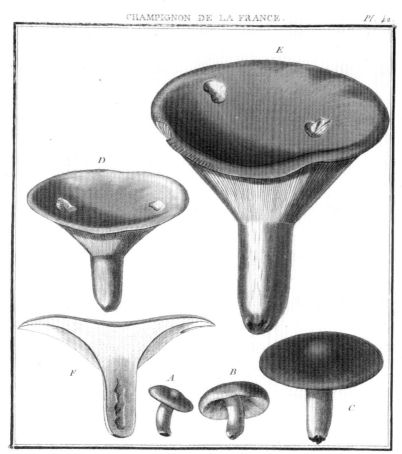

AGARIC SANGUIN.

Agaricus Sanguineus. *On trouve ce beau Champignon dans tous les Bois des environs de PARIS, en Aoust et Septembre. CHAPEAU très régulièrement arrondi dans sa jeunesse, à mesure qu'il avance en âge il s'applatit et de convexe qu'il étoit devient concave. FEUILLETS; quoiqu'epais ils sont fragiles, bifurqués quelquefois trifurqués, continus avec la chair du Chapeau et celle du Pédicule, dont ils ne peuvent être séparés, sans se rompre. PEDICULE plein pendant sa jeunesse, il devient ensuite Spongieux et se creuse en vieillissant, sa Chair est continue avec celle du Chapeau; on le trouve presque toujours mangé de Vers et quelquefois entièrement dépouillé de ses feuillets par cette raison.*

N.B. Les fig. A.B.C.D. représentent ce Champignon dans ses différents âges. La fig E. le représente dans l'état de vieillesse. La fig. F. le fait voir coupé verticalement, sa forme est peu constante, sa Couleur l'est encore moins, cependant elle est assés ordinairement d'un Rouge de sang, plus ou moins foncé.

Ce Champignon est très dangereux, il produit sur la langue les effets de la Brûlure, il ne donne pas de lait, il n'exhale de mauvaise odeur, que quand il est vieux.

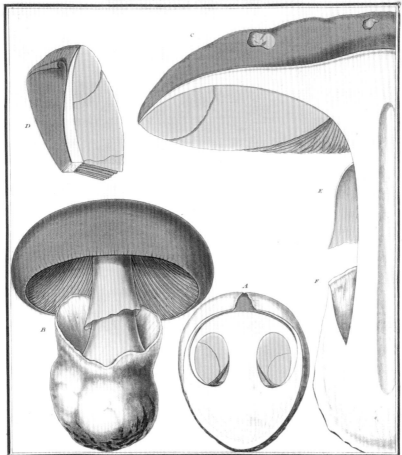

L'AGARIC ORONGE (VRAIE).

Agaricus aurantiacus. *Il est très commun dans les provinces méridionalles de la France. Il paroit d'abord sous la forme d'un œuf, une membrane blanche et épaisse le recouvre entierement, elle se déchire, le chapeau paroit et continue ? de se développer jusqu'à ce qu'il ait acquis quatre à cinq pouces de diametre. Sa superficie est seche, susceptible d'être pelée remarquable par autant de rayes sur ses bords qu'il y a de feuillets. Sa chair est continue avec celle du pédicule, son pédicule est bulbeux, plein, un peu spongieux, il conserve long-temps son collet E. et il perd rarement son volva F. ses feuillets sont un peu frangés, composés de deux lames, ils sont très adherents à la chair qu'ils entrainent avec eux, quand on veut les en séparer.*

N.° B. Les fig. A.B.c. le représentent dans tous ses ages. La fig. D. est celle d'une partie du chapeau.

Quelquefois sa chair est un peu jaunatre et quelquefois ses feuillets sont blancs. Parmi les caracteres qui distinguent l'ORONGE vraie d'avec l'ORONGE fausse le plus certain est celui que l'on tire du volva. Le volva est complet dans l'OR.e vraie, et il est incomplet dans l'OR.e fausse. Voy. VOLVA DICT.re ÉLÉMENTAIRE DE BOTANIQUE.

Ce champignon est commun en Août et Septembre aux environs d'ÉTAMPES. M.r Vigny qui en est voisin a bien voulu prendre la peine de m'en envoyer de sa terre du Tronchet.

Il est très délicat, très agréable au goût et à l'odorat et très recherché pour les tables les plus somptueusement servies.

Pl. 577.

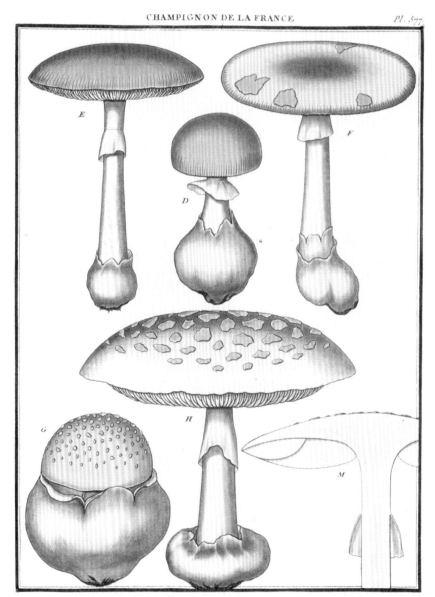

AGARIC BULBEUX . Agaricus bulbosus .

L'AGARIC ORONGE (FAUSSE).

Agaricus pseudoaurantiacus. *On trouve communement ce champignon en Septembre et Octobre dans les bois des environs de* PARIS. *Dans l'état de jeunesse* A, *il n'a point une forme ovoide comme l'*AGARIC ORONGE (VRAIE). *Son volva* R *est incomplet,* Son chapeau dans son parfait développement a depuis 4 jusqu'a 6 pouces de diametre, il est rayé a ses bords, il est susceptible d'être pelé, mais sa peau est beaucoup plus épaisse que celle de l'AGARIC ORONGE (VRAIE). Sa superficie est seche. Sa chair est blanche, un peu colorée sous la peau. Ses feuillets E. sont blancs, doublés, un peu frangés. Son pédicule est blanc, plein, s'affaissant un peu dans le milieu, comme celui de l'ORONGE (VRAIE). Il est beaucoup plus grêle et plus haut que lui, il a un collet de même.

N. B. *Il est représenté dans tous ses ages par les fig.* A, B, C, D. *Dans l'état de jeunesse, il est pré eiqumlerement recouvert d'es debris de son volva, ce sont de petits lambeaux que se détachent d'eux même à mesure que ce* CHAMPIGNON *s'accroit, quelque fois même il n'en conserve pas un seul à un certain age, chose qu rend les méprises plus fréquentes, ainsi que sa couleur qui souvent est parfaitement ressemblante à celle de l'*ORONGE(VRAIE).*Dans la terre de* M. *de* MALESHERBES, *on s'es en dernihrem b a fait manger à deux chats qui sont morts six heures après. Pareille expérience faitte par* M. PAULET *a produit le même effet sur des chiens. le* CHAMPIGNON *est l'*AGARIC MOUCHETÉ *de* M. *de la* MARK. *L'*Agar. muscarius Lin.

Il est agréable au goût et à l'odorat et néanmoins très dangereux pour l'homme; à la doze de deux onces cru, il ne m'a cependant rien fait.

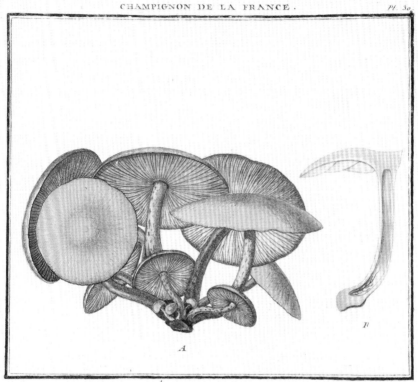

L'AGARIC AMER.

Agaricus amarus. Ce champignon ne paroît avoir été décrit nulle part, on le trouve
en juin et juillet dans les bois, sur le bord des chemins à l'ombre, on ne le trouve
pas fréquemment et je ne puis même citer que deux endroits ou je l'aie trouvé,
l'un est le parc de Vincennes et l'autre la forêt de Villers Côterest. son chapeau
est parfaitement orbiculaire dans sa jeunesse, il s'applatit et devient même un
peu concave en viellissant, sa superficie est sèche : il a peu de chair. ses feuillets sont
constament de couleur verdâtre, très peu sont entiers et se terminent en pointe à
quelque distance du pédicule ; l'intervalle qu'il y a entre eux et le pédicule est
sensible même dans l'état de jeunesse. le pédicule est toujours un peu tortueux
et tubulé.

    N. B. il y a une variété d'un jaune saffrané, une autre dont l'ombilic est rouge.
Ce champignon a une odeur très agréable ; mais il est d'une amertume insupertable.
c'est sans doute cequi fait qu'on ne le trouve jamais piqué de vers ni rongé par aucun
animal. il ne paroît pas cependant avoir de qualités nuisibles.

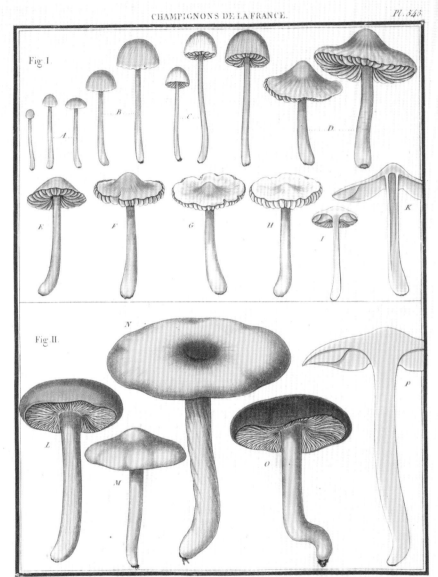

AGARIC CAMÉLÉON, Agaricus cameleon Fig. I. *Cette espèce est commune en automne dans nos bois, elle se plaît particulièrement sur le bord des avenues, au pied des gros arbres; elle se montre sous des formes et des couleurs extrêmement variées. Son pédicule plein d'abord Fig. I devient fistuleux avec l'âge Fig. K. Elle n'a qu'un très petit nombre de feuillets.*
AGARIC SULFURIN, Agaricus sulphureus Fig. II.

AGARIC CRUSTULINIFORME, Agaricus crustuliniformis.

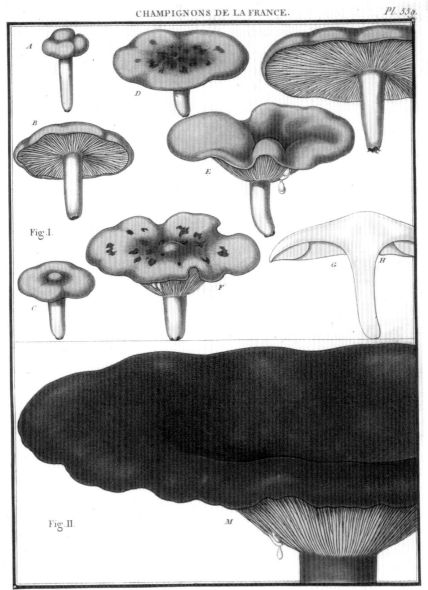

CHAMPIGNONS DE LA FRANCE.

Pl. 55g.

AGARIC AZONITE.Fig.I....AGARIC PLOMBÉ.Fig.II.

CHAMPIGNONS DE LA FRANCE Pl. 598.

AGARIC POURPRÉ Fig. I. .... AGARIC ARANÉEUX Fig. II.

AGARIC VAGINÉ.

Agaricus vaginatus. *Quoique cet Agaric soit un des plus faciles à distinguer, il arrive cependant très fréquemment que l'on confond avec d'autres espèces celles de ses variétés que cette planche représente : la principale cause de ces méprises est qu'on ne tire pas de terre le pédicule de cet Agaric avec assez de précaution pour s'assurer de l'existence de son volva.*

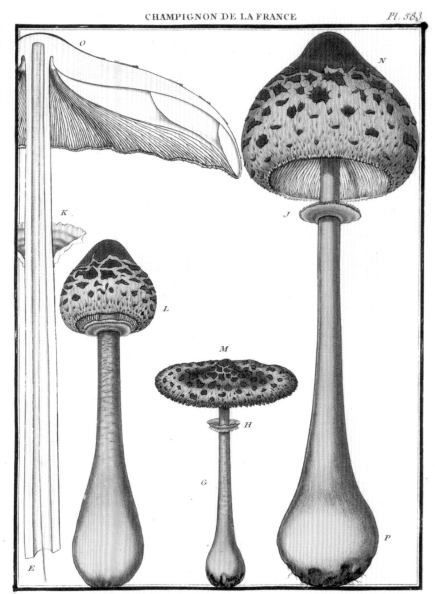

AGARIC COULEUVRÉ Agaricus colubrinus

AGARIC SOLITAIRE Agaricus solitarius.

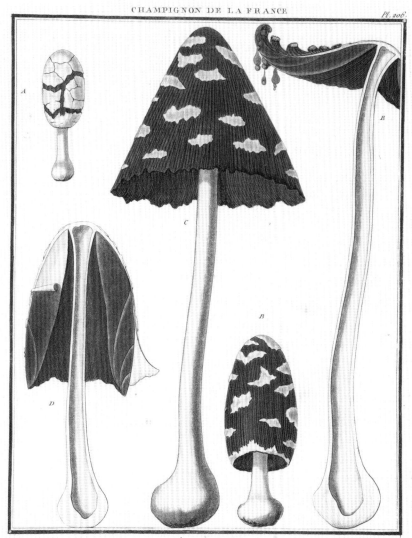

L'AGARIC PIE.

Agaricus picaceus. *Ce champignon se trouve communément dans les endroits ou des végétaux entassés sont réduits à l'état de putréfaction. dans l'état de jeunesse A. il est entièrement recouvert d'une peau blanche, transparente, mince et susceptible d'être détachée ; à mesure qu'il avance en âge B. cette peau se déchire en travers et laisse à nu des feuillets très multipliés et formés d'une membrane commune plissée en long ; si l'on observe ces feuillets et les parties de feuillets à une forte loupe, la surface qui regarde le pédicule paraît comme chagrinée et chargée de poussière... le pédicule est contigu, fistuleux et n'a ni le filet ni le collet de l'Agaricus uphoïdes.*

N. 30. Ce champignon est de peu de durée et se fond en une eau noire comme de l'encre... il est représenté fig. C. dans l'état de développement parfait. les fig. D et E. en font voir la coupe verticale dans différens âges.

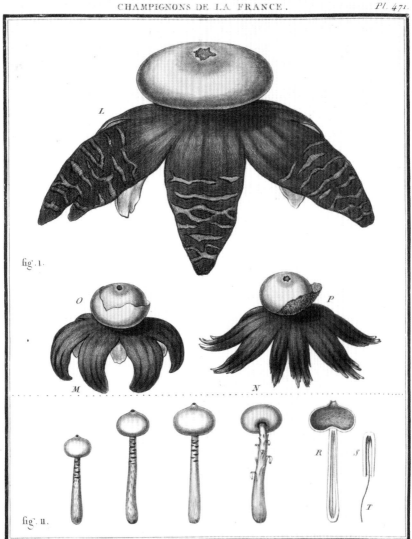

LA VESSE-LOUP ETOILÉE. Lycoperdon stellatum. fig. 1. L.M.N. la fig. I. en represente une varieté qui ne se trouve que dans les forêts les plus antiques et qui ne me paroit différer de celle representée pl. 238 que par ses dimensions. les figures M.N. en representent deux autres variétés dont le pericarpe est entouré d'une enveloppe intermediaire tres mince et tres fugace quelquefois membraneuse comme O quelquefois formée de fibrilles comme une toile d'araignée P.

LA VESSE-LOUP PÉDICULÉE AXIFERE. Lycoperdon pedunculatum axiferum fig. II. ne paroit au premier abord différer de celle representée pl. 294 que por de tres legeres nuances; cependant elle en différe essentiellement, elle a constamment au centre de son pédicule fistuleux R.S. un fil T que l'autre n'a jamais.

CHAMPIGNONS DE LA FRANCE

Pl. 451.

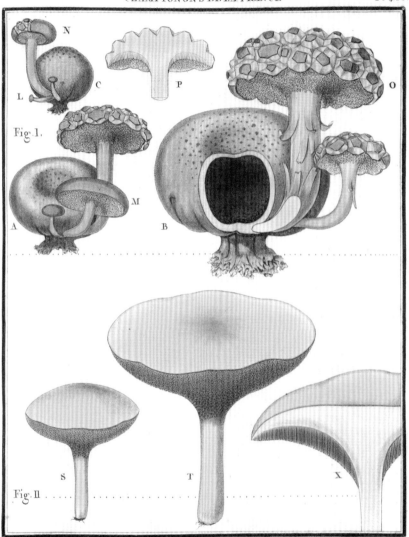

LE BOLET PARASITE Boletus parasiticus: Fig. I. est un des Champignons les plus curieux que nous ayons en France : il se trouve communément vers la fin de l'Automne en Provence et dans la Lorraine ; il est au contraire fort rare aux environs de Paris, cependant plusieurs l'y ont trouvé, notamment M.M. Thuilier et Leré : il est un de ceux dont les tubes peuvent être facilement séparés de la chair et ne change pas de couleur quand on l'entame.

LE BOLET POIVRE Boletus piperatus : Fig. II. se trouve dans nos bois en Automne ; ses tubes sont constamment rouges. Il a sa chair ferme, d'un goût un peu poivré ou piquant comme le Radis. Il ne change pas de couleur quand on l'entame.

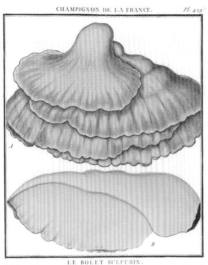

LE BOLET SULFURIN.

Boletus sulphureus... *champignon excité plus haut, on vous garnir en blanc, on autrement vert, a été couvert par deux feuillets crées de M.ᵉ Leis et le sien, et dont les couleurs des chênes venait à sa partie B a la pointe de charmé... on courte d'un même espace où bande a même un peu voyanes, on dont cet nulle d'un point infinis comme ces tubes, elle rend un couleur minéralement comme, a le cou fit, l'élite le infinis se olle un pointe en tube continu avec exprimé enflé une si aval lache le champignon ce couleur a rouget variée enflard un bromie le champignon apache la terre de cette le permanent on nulune vert greye qui et le cepet de l'arbre, on marine demande on bundoe a interrompue changiene les duende leshure a l'une libre, vide il rend en couleur et vende marine*

il v.....B on esti a rose sy P
il et releva a la bande.Γ sin peu oget de.

LA VESSE-LOUP CISELÉE.

Lycoperdon cœlatum. *Cette espèce est commune dans les bois, qui fait poliment pendant une partie de l'été et en automne; elle a ordinairement de pur à aupoir à pointe de hauteur sur 4 à 6 de largeur; elle est toujours ratinue a un base venal lorsque fermement se ferement attachue à la terre par une enflé considérable de poudre menuse, on surface un venúte ocemuvere et rendu comme dispard a leur base en teillant a houtte comme A...*

M......

LE BOLET RAMEUX.

Boletus ramosus *ce Champignon, est plus rare, ce on l'on corange, on que deux feris, il m'a été... a communique par M.M. de Puiseval et Dellevre...*

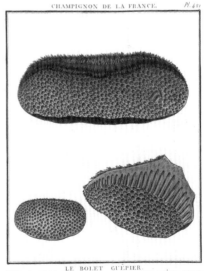

LE BOLET GUÊPIER.

Boletus favus *I.S.P. 1645 du toute, ce Bolet est les aplani les plus rares, vu de pointe de bois de... a Papen,M.Rochon sin a men aurange un dessin best bien fait...*

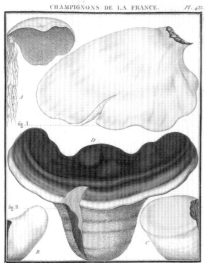

LE BOLET DE SAULE, Boletus salicinus fig. I.

LE BOLET DE FRENE Boletus fraxineus fig. II.

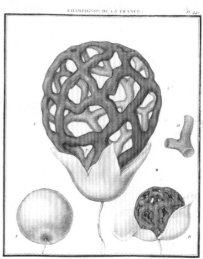

LE CLATHRE VOLVACÉ

Clathrus volvaceus.

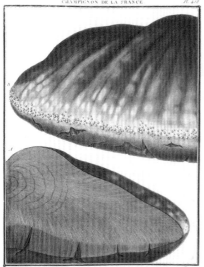

LE BOLET FAUX-AMADOUVIER

Boletus pseudo-igniarius.

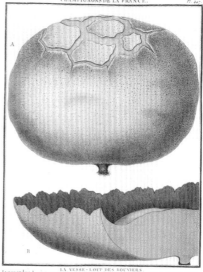

LA VESSE-LOUP DES BOUVIERS

Lycoperdon bovista.

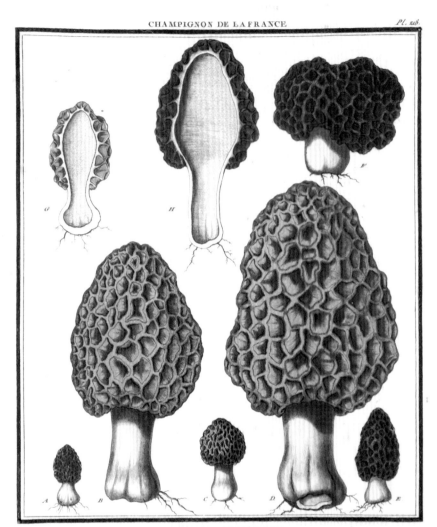

LA MORILLE COMESTIBLE ᴇʟ. ꜰʀ.

Phallus efculentus. *L.S.P.* crypt. fung. 1848. Ce champignon est commun dans nos bois nos prés en avril et mai, un pédicule continu fistuleux d'une extremité à l'autre et communément renflé à sa base porte sur les deux tiers ou environ de sa longueur une espece de chapeau plus ou moins conique et remarquable sur toute sa surface par des alveoles, des crevasses irrégulieres et très profondes d'où sort une poussiere seminale tres abondante et assez semblable à celle des Agarics... de longues Racines, fibreuses tiennent ce champignon fortement attaché à la terre.

N.B. il y a la varieté blonde *A B C D* et la varieté brune *E F* on voit la coupe verticale de l'une et de l'autre *G H*. Ce champignon est un des meilleurs de ceux que l'on mange on employe indifféremment les deux varietés, on vante les morilles des terreins sablonneux comme les plus délicates.

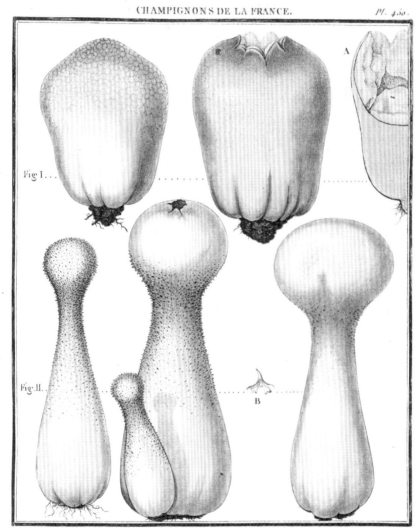

LA VESSE-LOUP UTRIFORME, Lycoperdon utriforme : Fig. I. *vient en automne dans nos bois ; elle est assez rare ; jamais elle n'est rétrécie en pédicule, elle est constamment au contraire presqu'aussi grosse du bas que du haut et ressemble assez à une autre. Sa surface n'est jamais hérissée de pointes et quelque soit son degré de développement, elle est ferme et ne prête que difficilement à la pression du doigt ; sa poussière est grisâtre ainsi que le réseau chevelu entre les mailles duquel elle est renfermée : ce réseau reste longtems attaché aux parrois internes de l'écorce, caractère particulier à cette espèce.*
LA VESSE-LOUP EXCIPULIFORME, Lycoperdon excipuliforme, Scheff... *On trouve cette Vesse-loup Fig. II. dans nos bois, en Été et en Automne. Beaucoup d'Auteurs en ont parlé comme d'une espèce très distincte, je l'ai trouvée nombre de fois, je l'ai suivie dans ses développemens progressifs et je n'oserois pas encore assurer si c'est véritablement une espèce ou si ce ne seroit pas plutôt une des variétés de la Vesse-loup hérissée.*

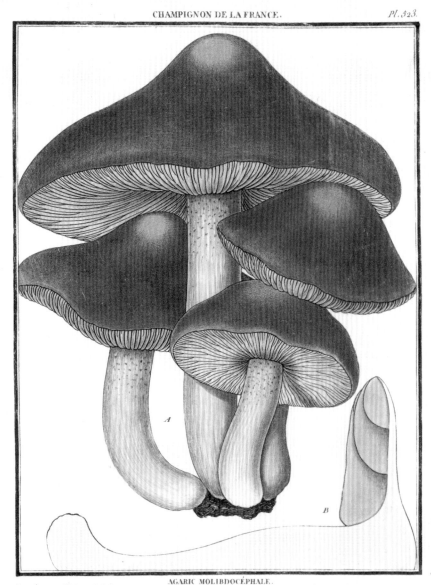

AGARIC MOLIBDOCÉPHALE.

Agaricus molibdocephalus. *Cet Agaric est assez commun vers la fin de l'automne, dans les bois de haute futaie. Son pédicule est nu et plus ou moins allongé; son chapeau ordinairement fort large est de couleur plombée excepté à son sommet où il est légèrement bistré; il a peu de chair; ses feuillets d'un gris blanchâtre sont très larges et forment avec le pédicule un angle droit ou un petit angle rentrant. C'est principalement à ce dernier caractère que cette espèce se distingue de celles avec lesquelles elle a le plus de ressemblance.*

LE BOLET COMESTIBLE.

Boletus edulis....Fungus porosus magnus crassus J.B.VAIL..p.58. *On trouve ce* CHAMPIGNON *pendant tout l'été, dans les bois, il se plaît dans les vallés, les lieux couverts. Son* CHAPEAU *à quelquefois jusqu'à dix ou onze pouces de diametre, sa chair est très ferme, très blanche, ne changeant pas de couleur quand on l'entame, elle a souvent jusqu'à un pouce et demi d'épaisseur. Ses* TUYAUX *sont blancs, dans leur jeunesse; mais ils se colorent en vieillissant, ils sont très sensibles.* PEDICULE *toujours plein.*

N.B. *La fig. A représente ce* CHAMPIGNON *dans l'état de jeunesse. La fig. B. le représente dans son état de parfait développement. La fig. C. le démontre coupé verticalement. Lorsqu'il est bien développé il ressemble parfaitement à un* TAMPON *d'imprimeur, il y a des variétés de différentes couleurs, les plus remarquables sont celles dont la superficie est blanche et celle dont la superficie est grise et comme chagrinée.*

Ce CHAMPIGNON *est très agréable au goût et à l'odorat, on le mange à toute sausse, on le préfère, quand il est jeune, parcequ'il est plus tendre, parcequ'il a plus de goût, et qu'il est moins indigeste, on en retranche la peau et les tuyaux ou pores, et on le lave.*

CHAMPIGNON DE LA FRANCE.

Pl. 494.

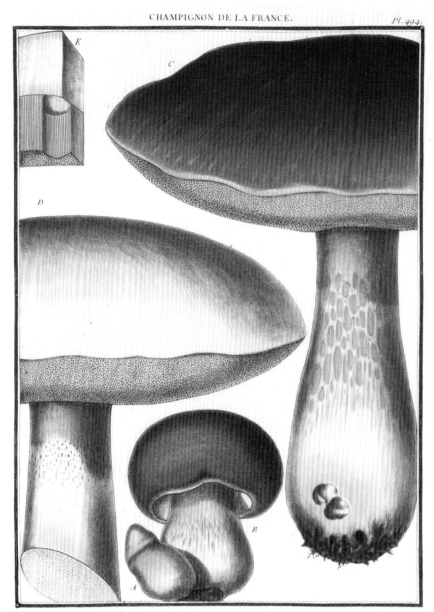

LE BOLET COMESTIBLE, Boletus edulis.

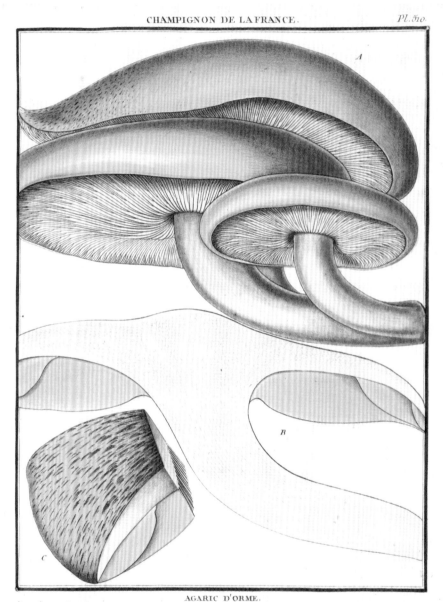

AGARIC D'ORME.

Agaricus ulmarius. *Cet Agaric se trouve en automne sur diverses sortes d'arbres, mais plus ordinairement sur l'Orme; son chapeau acquiert* [1] *quelquefois jusqu'à 12 à 13 pouces de diamètre. Dans sa vieillesse on le trouve souvent parsemé de petites taches de couleurs variées, comme dans la Fig. C.*

让－亨利·法布尔的
菌类图鉴

让－亨利·法布尔
JEAN-HENRI FABRE

著名生物学家、科普作家让－亨利·法布尔（1823—1915）以《昆虫记》闻名，他对菌类研究同样抱有永不厌倦的热情。法布尔正式开始画蘑菇是在他移居普罗旺斯的乡间小镇塞里尼昂之后。菌类无法像昆虫那样以完整的形态保存下来，因此，为了表现菌类的特征，法布尔画了近700幅水彩画。据说法布尔的水彩画完全是自学成才，他对色彩的运用极为出色，那些美丽的图画令周围人为之惊叹。法布尔本人似乎也对自己的作品非常满意，会很兴奋地将图画展示给塞里尼昂的居民们。这批数量庞大的图画大多是在1886—1893年这7年间绘制的。在短时间内绘制了这么多充满魅力的蘑菇画，不难想象法布尔有多么迷恋蘑菇神奇的形态。令人遗憾的是，法布尔在世期间，这些蘑菇画没能被出版。若是出版，想必会在当时引起巨大反响吧。

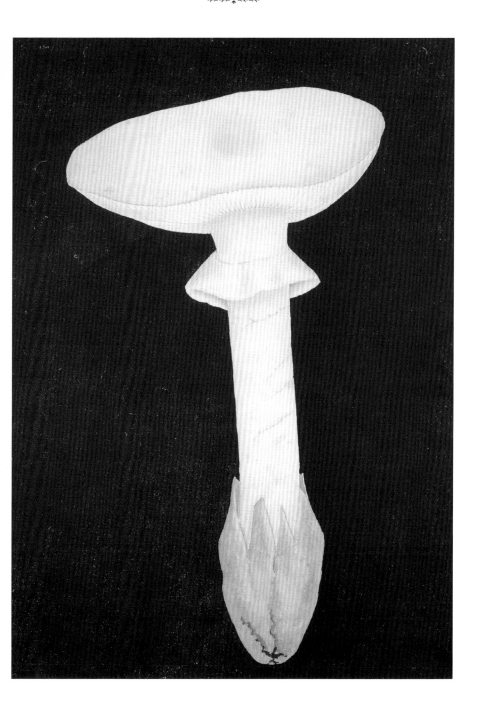

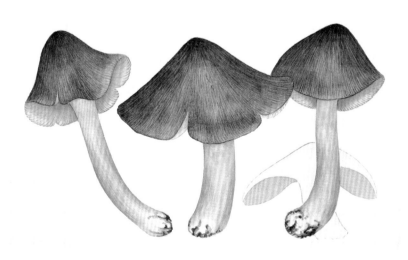

Amanita muscaria Linn.

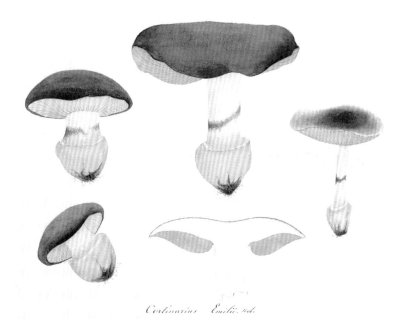

Cortinarius Emilii. nob.

Cortinarius Julii. nob.

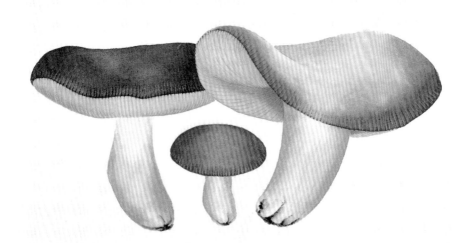

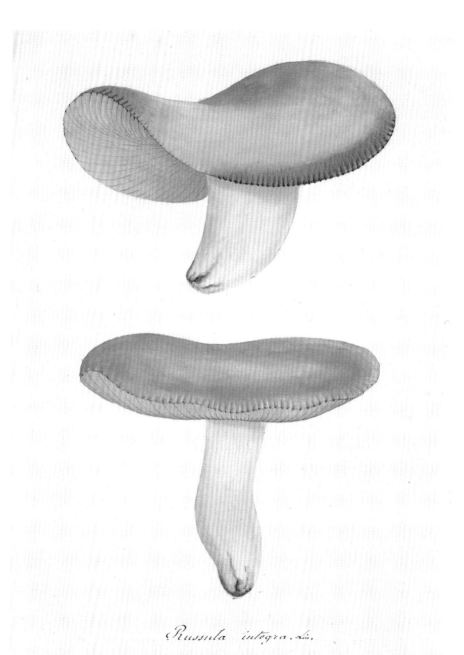

Russula integra. L.

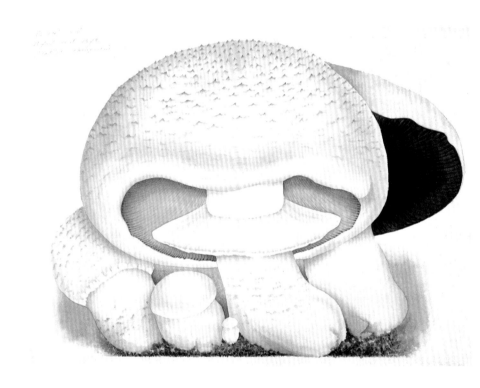

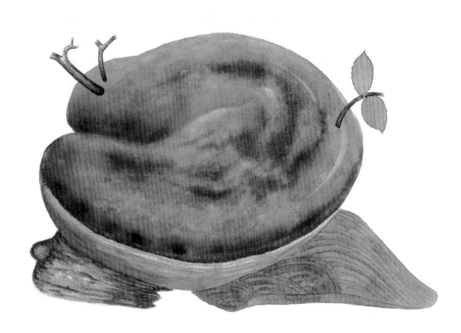

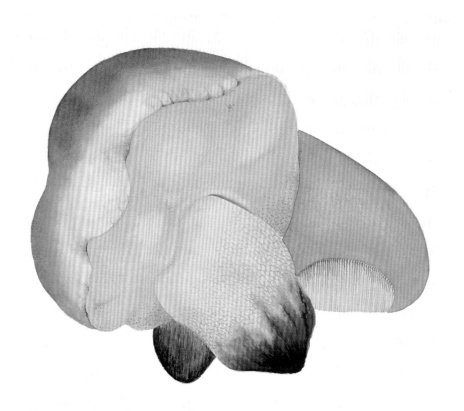

Pleurotus phosphoreus. Battara.

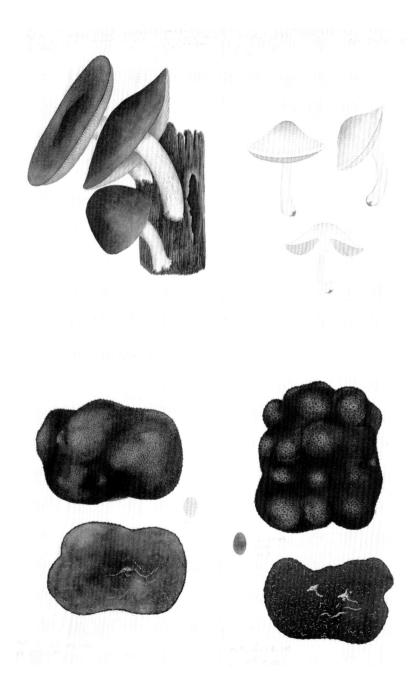

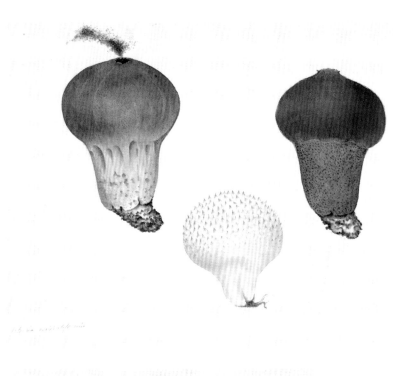

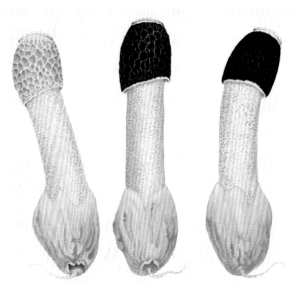

1er août 1888.
Sur l'écorce, à la base
d'un Ligustrum japonicum
de jardin. Revient dans l'eau.

Mycena

日本人深爱的蘑菇
是平菇还是松茸

本乡和人

木曾义仲虽是将盛极一时的平家一门赶出京都的人，但也许是从小生活在深山里的缘故，举止很是土气，贵族们都很讨厌他。有一次，被称为猫间中纳言的藤原光隆拜访义仲的宅邸，为了表示欢迎，义仲招待他用膳，粗碗中盛满了米饭和平菇汤。中纳言实在难以入口，只是假装吃了几口就把筷子放下了。义仲见此大笑，自以为是地说道："'猫大人'食量真是小啊。嗯嗯，听说猫都喜欢剩饭。"光隆彻底生气了，没说什么就匆匆离开了。（《平家物语》）

出现在这个故事中的平菇，我认为，从戏剧效果来看，它显然是代表了"粗鄙的食物"。自平安时代开始，贵族们就以松茸为贵。他们喜欢松茸的香气，在和歌中表达对它的喜爱，采摘松茸甚至成为一种极具人气的兴趣爱好。与此相对，平民与平菇就显得"缘深"了。对于平民和义仲这样的乡下人来说，平菇是"美味"且值得喜爱的食材。但是，贵族们认为平菇的味道不够精致，根本不屑一顾。根据我的理解，即便同是蘑菇，松茸和平菇也是完全不同的存在。

但是，当我读到下面这则故事时，我不禁反省自己的想法实在过于简单。这是发生在平安时代末期的简短故事，收录在《古今著闻集》中。说有一次，一位名叫观知僧都的僧人向九条太政大臣（不详，有可能是九条兼实）赠送平菇，并附以了

大意如下的和歌："在平安京平稳生活的人都应该吃平菇。"太政大臣也回以和歌："平菇倒是和武士很像，令人忍不住一边恐惧一边观望。"

踏上平治之乱战场的平重盛（清盛的嫡男，文武双全、德才兼备之士）以"时为平治，地处平安，我们是平氏，我们的胜利毋庸置疑"来鼓舞己方士兵。这与观知僧都的和歌一样，有三个"平"字排列在一起。太政大臣的和歌也与平重盛给人的印象有一些相似。在当时，武士因为杀人而为人所厌恶、畏惧。

要理解观知僧都和太政大臣之间的和歌往来，前提是理解"毒"的存在。平菇是有毒的，吃平菇有中毒的可能性，不然观知僧都也不会刻意强调"应该吃"。平稳的生活固然很好，但有时挑战也是必要的，因此他带有一丝恶作剧口吻地劝说太政大臣食用平菇。太政大臣也很理解他的心情："看起来很好吃啊，但是我会不会中招呢？"正因为平菇是一种危险又极具诱惑力的食材，才会成为与令人畏惧的武士相比较的对象。这个故事中的平菇，是如河豚一般的存在。

由此可见，《古今著闻集》中的平菇与我们所说的平菇并不一样。对于那个时代的人而言，既无法用图鉴来一一鉴别种类，也没有交流情报的有效方式，只能将山中生长的蘑菇统称为平菇。他们口中的平菇，既有我们熟悉的平菇，也包含了毒蘑菇。

《平家物语》和《古今著闻集》都成书于镰仓时代。书中对于"平菇"的认知也是一致的。这么看来，藤原光隆可能不是因为平菇粗鄙才难以入口，而是担心它有毒。即便如此，立于贵族顶点的九条太政大臣还是觉得它看起来很好吃，由此可见当时之人其实无法抑制对平菇的憧憬。在这一点上，平菇与松茸又并非全然不同的存在。无论是平民还是木曾义仲这样的武士，甚至于生活在京都的贵族们，都被美味的蘑菇深深吸引。

本乡和人　KAZUTO HONGO

1960 年出生于日本东京。于东京大学大学院修完博士课程。主要研究日本中世史。东京大学史料编纂所教授。主要著作有《新中世王权论：武门霸者的系谱》（新人物往来社）、《阅读人物的日本中世史：从赖朝到信长》（讲谈社）、《揭秘平清盛》（文艺春秋社）等。

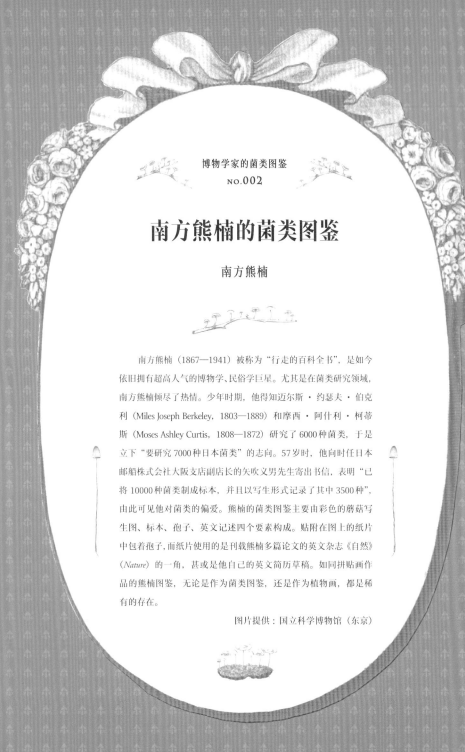

南方熊楠的菌类图鉴

南方熊楠

南方熊楠（1867—1941）被称为"行走的百科全书"，是如今依旧拥有超高人气的博物学、民俗学巨星。尤其是在菌类研究领域，南方熊楠倾尽了热情。少年时期，他得知迈尔斯·约瑟夫·伯克利（Miles Joseph Berkeley，1803—1889）和摩西·阿什利·柯蒂斯（Moses Ashley Curtis，1808—1872）研究了6000种菌类，于是立下"要研究7000种日本菌类"的志向。57岁时，他向时任日本邮船株式会社大阪支店副店长的矢吹义男先生寄出书信，表明"已将10000种菌类制成标本，并且以写生形式记录了其中3500种"，由此可见他对菌类的偏爱。熊楠的菌类图鉴主要由彩色的蘑菇写生图、标本、孢子、英文记述四个要素构成。贴附在图上的纸片中包着孢子，而纸片使用的是刊载熊楠多篇论文的英文杂志《自然》（*Nature*）的一角，甚或是他自己的英文简历草稿。如同拼贴画作品的熊楠图鉴，无论是作为菌类图鉴，还是作为植物画，都是稀有的存在。

图片提供：国立科学博物馆（东京）

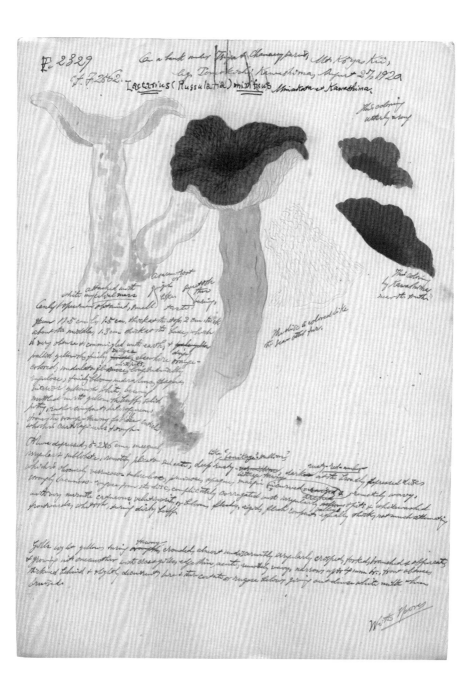

E.4220.

= F.4303.? but found in soft bamboo groves
Cf F.416, but very different On ... old woods, Tanabteme, Kinijō mula, Kii.
lgs. Mokichi Tanoue, 30 May, 1935.

Psalliota ~~vericolor~~ Murakawa & Tanoue.
arvensis (Schaeff.) Fr. var. luridoliquescens Murakawa.

a smaller specimen were supposed to
by Mr. Totaro Hirota, 13 June, 1937.
It was gathered in a mixed woods Shimos-
maro. Its pileus was wholly light
lemon-yellow, 7 cm. diam, 1 stem
7 cm long, 6-15 mm thick, Ring superior,
incomplete & drooping. The
specimen was not kept.

Another very perfect
specimen was gathered
by Mr. Mokichi Tanoue
in a bamboo (Phyllosta
chys bambusoides S. & Z.)
grove, 18 June, 1937.

231

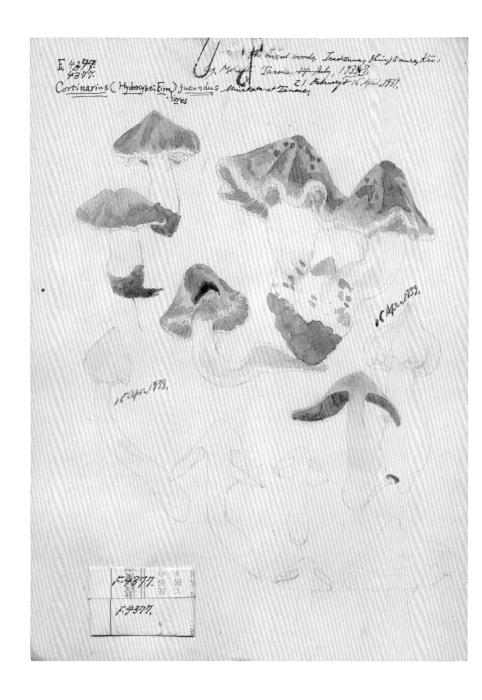

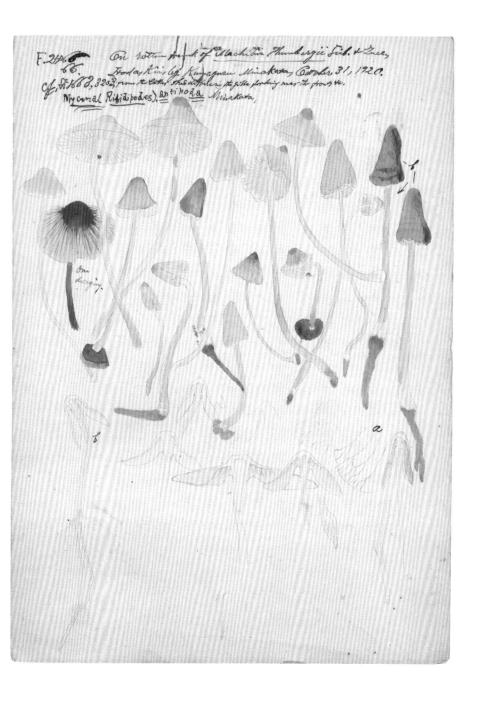

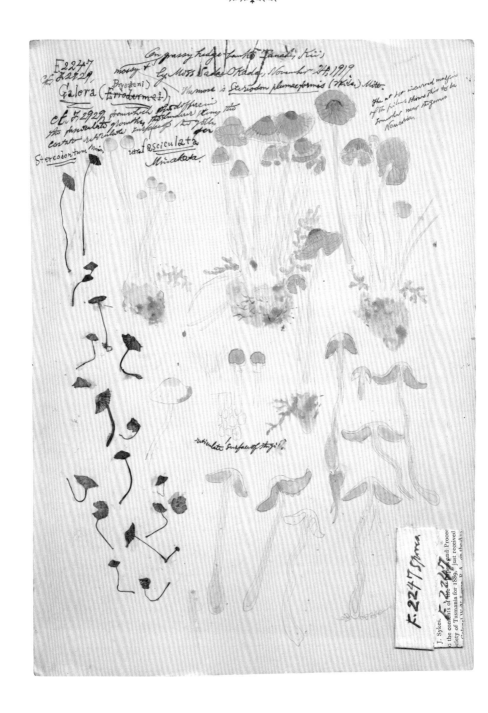

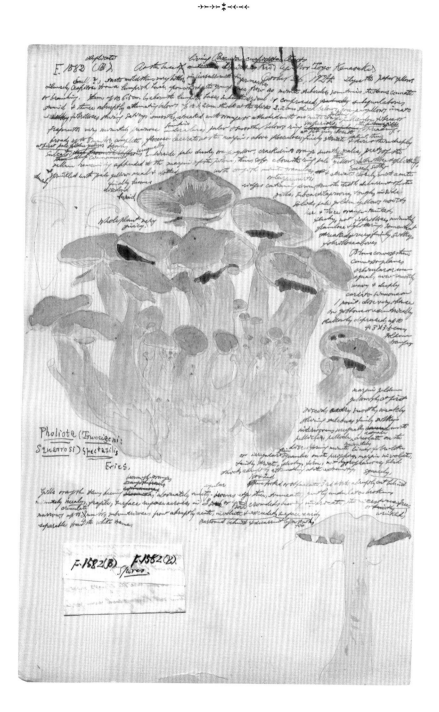

Pholiota (Truncigeni:
Squarrosi) Spectabilis
Fries.

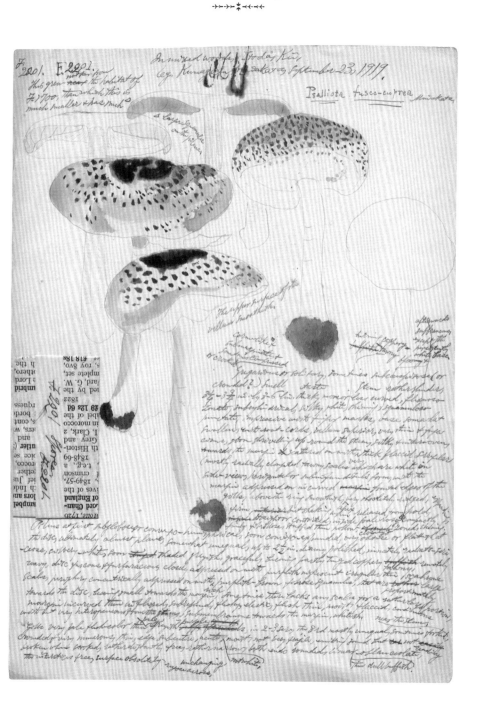

[熊楠的图鉴]=
[博物标本]+[观察笔记]

荻原博光

第一眼看到南方熊楠的菌类图鉴时，与蘑菇图同时映入眼帘的，应该是密密麻麻的字母吧。用钢笔书写的细笔记体，时而纵排，时而横排，时而又是倾斜的，将蘑菇自由且随性地包围其中。很多页面都贴着用英文杂志剪成的长方形小纸袋。另外，还有将木乃伊一样的蘑菇实物贴在空白处的例子。画和文字均匀排列，让人想到这本图鉴的每一页都装进画框里装饰起来。

1867年，熊楠在和歌山城下的一个富商家庭出生。19岁的时候，他前往美国留学，后来又远赴英国，在33岁的时候回到日本。他住在纪州田边，几乎从不离开和歌山。在太平洋战争开始的1941年，他去世了。从幼年到晚年，他从未间断对博物学的兴趣，也从未间断读书和做笔记。

超强的记忆能力令他能够大量吸收东西方的知识，他看待事物的视角如同拥有复眼一般，卓越的观察能力也使他拥有异于常人的思维模式。他超人般的能力同样在南方曼荼罗思想、自然保护运动、民俗学考究等领域发挥得淋漓尽致。他的长女文枝在回忆录中记述了父亲为了忘记错误的记忆费尽心力以及感叹自己晚年记忆力下降等故事，让人不禁联想到他"普通人类"的一面。

熊楠的图鉴最早可追溯到他在美国的时候。他从小喜欢收集动物、植物、矿物、化石、文物等，16岁时立下目标要采集7000种菌类，赴美后，他于1889年正式开始采集。居住在芝加哥的真菌学者送给他佛罗里达产菌类标本簿，共六册，他

一边将自己从文献中习得的知识点摘录其中，一边自学。此外，他还将自己采集到的菌类贴在剪贴簿上，并且画了彩图，一一记录它们的特征，独立制成三册北美产菌类标本簿。这些标本簿正是熊楠图鉴的原型。

假设他采集了数朵某一种类的蘑菇，图鉴的制作过程应该是这样的。在 A4 纸上涂胡粉（白色颜料），等待干燥。标上序号，记录博物标本必须注明的采集信息，也就是采集人、采集地点、采集时间。一边进行细致的观察，一边用铅笔按实际大小画出其外观及切面，再用水彩上色。将这个过程中记住的蘑菇特征，如生成过程、气味、菌柄、菌盖、菌褶等一口气记录下来。然后，切下其中一朵蘑菇的菌盖，在云母片上静置一夜，让孢子落下来，再把云母片放入纸袋，贴到画纸上。采用制作树叶标本的方式，将剩下的蘑菇夹在厚纸中进行干燥处理，然后贴到画纸上。版面不够就追加画纸。在蘑菇冒出的季节忙于制作图鉴，而在采集季节结束、时间充裕的时候，一口气完成蘑菇的识别工作，在画纸上用楷体字写上拉丁语学名，完成图鉴。

博物标本必须附有实物和采集信息，它作为科学资料的价值才能被认可。熊楠的图鉴不仅满足了这一条件，还附有相当于详细观察笔记的彩图和记述文，毫无疑问是顶级的标本资料。当然，熊楠把图鉴当作标本来对待，目的是集齐 7000 种蘑菇。

但是，从某个时期开始，他又增加了出版《日本菌谱》这个目标。这一变化带来的结果是，即便是采集信息不同的蘑菇，只要种类一致，就要被一起绘制或记述在出版物的草稿本上。然而，出版计划却止步于一场梦。

熊楠去世后，Minakata Society（由民俗学者涩泽敬三建成）整理了他的菌类图鉴，现存 4750 份手稿，最末的序号是 F.4782。附有彩图和记述文的标本资料有 2134 份，其中 1689 份记录着由熊楠及其弟子命名的新品种。这些新品种还没有正式发表，也就是说，这些名称在国际上是无效的。熊楠自己最清楚，必要的文献完全不足，如果没有专家协助，是不可能发布新品种的。如何评价这些新品种是今后的问题，如何评价作为真菌类学家的熊楠，也要等到那个时候了。

获原博光　HIROMITSU HAGIWARA

1945 年出生于日本群马县。从北海道大学农学部毕业后，在国立科博物馆植物研究部以研究员身份研究细胞性黏菌的生态及分类，从事变形菌（黏菌）的标本、资料收集工作。现任国立科学博物馆名誉研究员。很早以前就开始整理南方熊楠留下的菌类图鉴以及变形菌标本，在真菌学领域验证了熊楠的成绩。著作有《森林的魔术师们：变形菌的华丽世界》（共著，朝日新闻社）、《南方熊楠的图鉴》（共著，青弓社）、《日本变形菌类图鉴》（共著，平凡社）、《南方熊楠菌类图鉴》（解说，新潮社）等。

书中收录的图鉴收藏于以下博物馆

千叶县立中央博物馆　《保莱特的菌类图鉴》

《植物的新属》

《意大利北部布雷西亚一带的菌类》

《巴伐利亚－普法尔茨－雷根斯堡一带的菌类原色彩色图鉴》

《蒙吕松地区的大型菌类图鉴》

《意大利北部城市里米尼周边的野生菌类研究》

《意大利的普通食用蘑菇及容易混淆的毒蘑菇图鉴》

《法国及其周边国家的食用蘑菇和毒蘑菇图鉴》

《法国植物志》

《本草图谱》

《福草考》

国立国会图书馆　　《梅园菌谱》

参考文献

"Introduction to the History of Mycology", Cambridge Univ. Press, Cambridge. Ainsworth, G.C.（1976）

『キノコ・カビの研究史 - 人が菌類を知るまで』　小川眞（京都大学学術出版会）

『考えるキノコ―摩訶不思議ワールド―』　監修：佐久間大輔　著者：大舘一夫ほか（LIXIL 出版）

『日本博物学史』　著者：上野益三（平凡社）

『植物図譜の歴史』　著者：ウィルフリッド・ブラント　訳者：森村謙一（八坂書房）

出 品 人：陈　垦
策 划 人：唐　诗
出版统筹：戴　涛
监　　制：余　西　于　欣
编　　辑：唐　诗
美术编辑：凌　瑛

欢迎出版合作，请邮件联系：insight@prshanghai.com
微信公众号：浦睿文化

图书在版编目（CIP）数据

蘑菇图鉴 / 日本 PIE BOOKS 编；唐诗译 . -- 长
沙：湖南美术出版社，2022.1
ISBN 978-7-5356-9512-3

Ⅰ . ①蘑… Ⅱ . ①日… ②唐… Ⅲ . ①蘑菇- 图集Ⅳ .
① Q949.3-64

中国版本图书馆 CIP 数据核字 (2021) 第 131492 号

著作权合同登记号：18-2020-086

蘑菇图鉴
MOGU TUJIAN

[日] PIE BOOKS 编　唐诗 译

出 版 人　黄　啸
出 品 人　陈　垦
出 品 方　中南出版传媒集团股份有限公司
　　　　　上海浦睿文化传播有限公司
　　　　　上海市巨鹿路 417 号 705 室 (200020)
责 任 编 辑　王管坤
责 任 印 制　王　磊
出 版 发 行　湖南美术出版社
　　　　　（长沙市雨花区东二环一段 622 号 410016)
网　　　址　www.arts-press.com
经　　　销　湖南省新华书店
印　　　刷　上海利丰雅高印刷有限公司

开本：880mm×1230mm 1/32　印张：7.75　字数：80千字
版次：2022 年 1 月第 1 版　印次：2022 年 1 月第 1 次印刷
书号：ISBN 978-7-5356-9512-3　定价：88.00 元

Originally published in Japan by PIE International
Under the title きのこ絵 (*Mushroom Botanical Art*)
© 2012 PIE International / PIE BOOKS
Simplified Chinese translation rights arranged through Bardon-Chinese Media
Agency, Taiwan

Original Japanese Edition Creative Staff:
協　　　力：千葉県立中央博物館
　　　　　　国立科学博物館（東京）
協　力　者：吹春俊光
　　　　　　海野弘
　　　　　　鈴木安一郎
　　　　　　本郷和人
　　　　　　萩原博光
撮　　　影：藤本邦治
デ ザ イ ン：柴亜季子
編　　　集：関田理恵
翻 訳 協 力：浅井郁夫 / 竹内和司

PIE **PIE International**

日本的菌类图鉴

《本草图谱》 1830—1844 岩崎灌园

作者岩崎灌园（1786—1842）是江户时代后期杰出的博物学家。自1830年起，其代表作《本草图谱》每年都被进贡给幕府。第96卷（最终卷）出版于1844年，当时他已过世。原版《本草图谱》由岩崎本人手绘而成，是非常精密的写生图。由于广为流传的是手抄本，因而即便内容相同，版本也各种各样。这里介绍的是1921年的复刻版，是一本色彩绚丽的图集，由在本草学史研究领域颇负盛名的著名植物病理学家、理学博士白井光太郎（1863—1932）担任监修工作。

らうたけ

菌史ニ纖張て
廃物冩生ニ載
る誦

月山野ニ生すと
喉吐せ〜も八九
疎くれを食へ
く甚蠢漸長漸
皆淨白初生ハ
尺餘脚と襴と
白黠あり脚長
十ふ至る面紫
亘三寸大者四五
つり

黒いぐち

廃物寫生に載る図　菌史に黒
き繖にして背白く蜂窠眼をもち
ず茎繖秋あり白色粘滑秋の間
山中小生びとくと同書の毒菌此
類に入れとうり

のどぶくいぐち

信陽菌譜小載る圖

同書小又時候坊ヽ名つ肥

ヽ灰色味淡なりヽヽいへり

又云一種苦味を帶るもの毒

あるへしといへり

ときいぐち

菌史小載る圖　同書

小黒いくち小似て黄白黒き斑

宛も虎の斑文小似ろう背白

ヽ芝緒色鱗丈ありヽヽいへり

同書小毒菌の類に入る

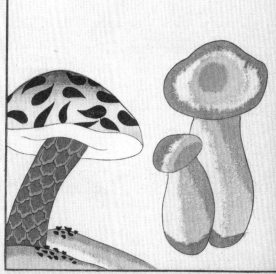

197

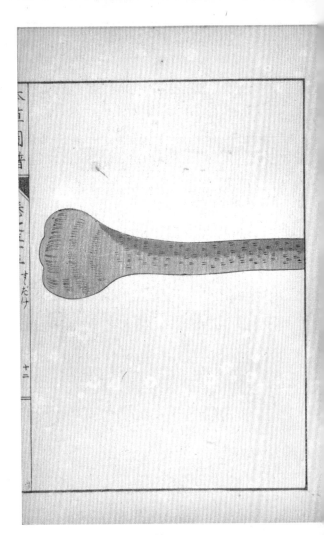

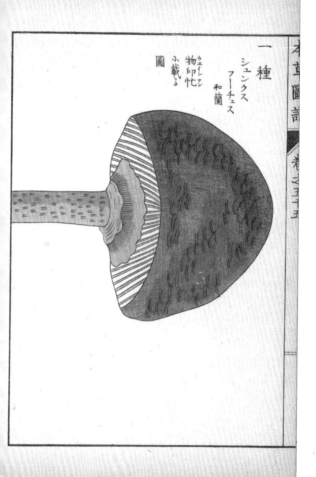

一種

シュンクス
フーチュス
和蘭

ウェーシン
物印忙
ふ載る
圖

ぬのびき

ぬのびき
菌史ニ載スル
ノ圖

産物寫生ニ載ル
圖　同書蕈
秋林野小生ニ織
ー褐色ヲ帶ブ底小
厚ク白色ナーて微
細襴アリ形ナめ
すきゝ小似て更肥
え莖甚ヶ短く濃
小延び耳ヶ數百莖
小至る耳ヒ少し苦
ーこれを燥ヶたゝ
を取リ味噌ヶ調
ー食ふ又晒ヶ乾
ー美しなす甚
佳くと入り

ぬのびき

菌史小載る圖　　同書小純白にして
蓋うすく　　　　　緣上ふむらひ背小毛刺
あり鹿たけ小似て笠瘦せ中虛に
本硬く末柔小夏秋の間茅柴の中
及ひ樹陰小生じ数笠連綿亘數尺
之を望めひ又或は布のごとく以て其
名を得うう又淡紅色のものの傾ふ形
稍大小して三河の人これを柴もた
けと云ひ又これをあぶらくさともも
呼べり　微うう靱ふして甘滑最も宜
しく美とあすうしうう

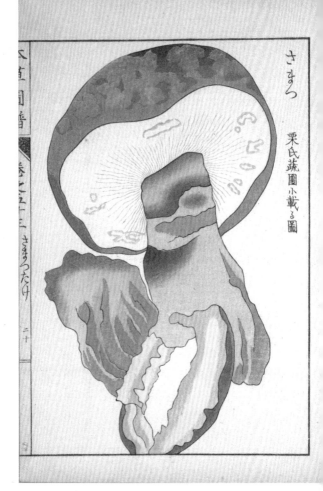

さまつ

栗氏蔬圃小載る圖

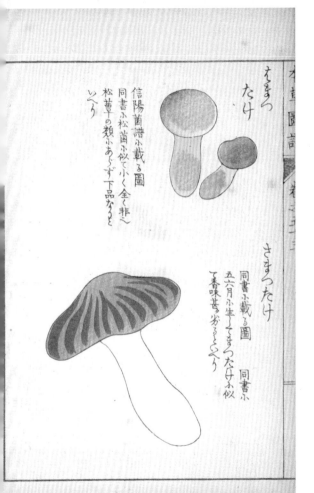

さまつ
たけ

信陽菌譜ニ載ル圖
同書ニ松茸ニ似テ小ク全ク非ス
松茸ノ類ニアラズ下品ナリと
いへり

さまつたけ
同書ニ載ル圖　同書ニ
五六月ニ生シてさまつたけニ似
て香味苦ク劣るといへり

あ　なすのたけ

似て肉薄く柄淡紅色盍綠
色小く白環あり小さく食
する者を見すといへ〳〵

同書小載る畫　同書に
山林小生に状たゑたけ小似
て黄黒色盍陰白色盍の長さ
五六寸餘細根あり長サ三寸

〳〵毒あり食ふ
べからすといへ〳〵

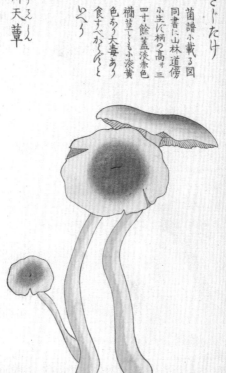

きとたけ

菌譜ニ小載ル図
同書ニ山林道傍
ニ生ジ柄ノ高サ三
四寸餘盖淡赤色
楠草ヽヽヽモ小淡黄
色アリ大妻アリ
食スベカラズと
いふ

仰天蕈
ぎやうてんじん

同書ニ小載ルヿ　同書
ニ山林道傍ニ生ジ状ちいさし

やぶまめぢ

菌史小戴る圖
同書小牛の御前祠
後に生ずとくへり

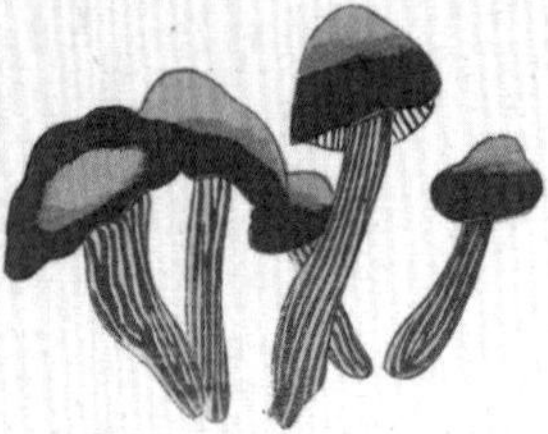

やぶまめぢ

同書小戴る圖　同書
小まめぢ小似て質痩苦
欄面緒色中塵荒みや
中て夏秋の間多く竹
林中小生すとくへり

にせまめぢ

菌譜小戴る圖
同書小梂樹
林中小生す玉
川辺の主俗食
すると甚し
又市小生す味
甘美よくへり

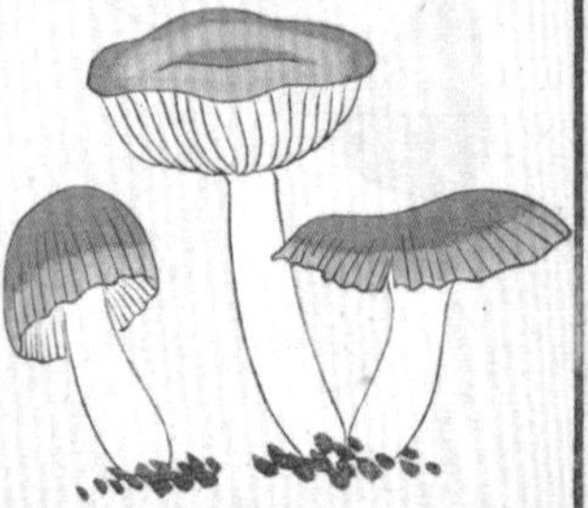

やぶしめぢ
又もろくがんたけ

信陽菌譜に載る図
同書小白色の者味、稍減ず
竹葉の気尤も甚しといへり

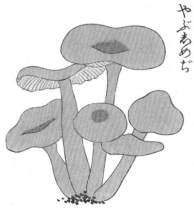

やぶしめぢ

同書に載る図　同書小夏月
多く生じ紫色の者味ひ尤も佳く
根小竹葉の気ありといへり

虚無僧たけ とこむそう

あけだけ

菌譜小載る図
状戴帽の如く
全形白色尺榛の
下褐色帽衣共
薄く緑網の如
好て陸湿の地に
生じといへり

あくかきたけ

楠本氏の畜

あけだけ

きぬさくら 京師
方言

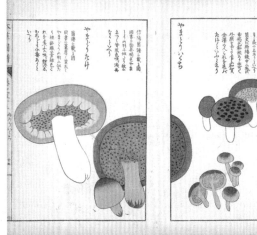

やまどり・いぐち

信陽菌譜ニ載スル圖同書ニ曰ク此菌ハやまとりいぐちニ似テ稍小ナリ色ハ淡黄ニシテ傘ニ小黒點アリ味淡美ニシテくらふべシ

ぬめりいぐち

信陽菌譜ニ載スル圖同書ニ曰ク此菌ハ山中ニ生ズ傘ニぬめりアリテ色淡黄ナリ肉白クシテ味美ナリ傘ノ裏ハ管ノ如キモノ密ニ列ビ色淡黄ナリ之ヲ煮テくらへバ味甚ダ美ナリ俗ニ之ヲぬめりいぐちトイフ

あまいぐち

同書ニ載スル圖同書ニ曰ク家forニ稀ニ有リ傘淡黄味甚ダ美ナリ俗ニあまいぐちトイフ

まつたけ

楠本氏の圖

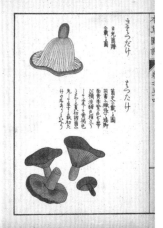

ささくれだけ

日光道路企救ニ圖

まつたけ

菌譜ニ載スル圖同書ニ曰ク此菌ハ松林中ニ生ズ傘淡褐色ニシテ肉白ク味甚ダ美ナリ俗ニ之ヲまつたけトイフ

べふたけ

日光菌譜
小載る圖

べにたけ

廃物寫集
載る畫

べふたけ
菌史小載
る圖

一種

楠本氏の図
小暑より
生び表紅
紫裏白
よくへう

べふたけ
菌史小載
る図

べふたけの
一種

同書ふ
載る図

くろたけ

くろのまさもう　る

菌史小ニ載ル処ノ図
同書小名ノサミたけ
小似テ栗樹ノ朽根ノ
上ニ生ス長脚黄褐色
或灰色ノモノアリ味
佳シ又生ツケテ小似
稍大ニ灰褐自面緑
色ヲ帯ブルモノアル
リ
又名ヒたけ小似テ
肥大楠茎浄白面八
栗ノ殻ノ如ク八月
樹下小生スという

奥陸

楠本氏
蔵圖

くろたけ

くろたけ
看過小載
る処の図

くうたけ

信陽菌譜
小栗の古木の
上又生栗此
根小生す味
甘美柄ハ硬く
ーて食ふ不
堪ふとく

類かもののくうたけ

信陽菌譜小栗の古木小生す色黄味ヒ
苦く食ふべかくべくとく

くうたけ
毛菌図ニ載
る処の図

皇和蕈譜小一種くくくみ
江州小産バ大すま柄ち
如く本浅ヶ緒色最も粘
滑柄大ヶ乾ヶ者味ヒ美汎
地蕈ふうとくとく

まひらけ

つるたけ

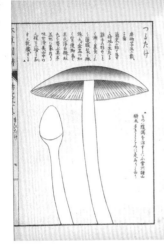

きぬがさたけ

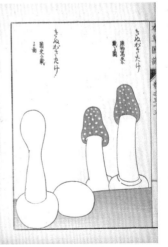

てんぐたけ二種

ねぞくたけ

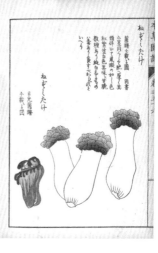

菌譜に載る菌　同書
小笠原の一名あり其
色かけて晦暗の色と
其形なす肥へ一色
紅にして白色茎赤く乾
栽種るを蛹毒茸をと
いふ長くなす後は其の

ねぞくたけ
日光菌譜
小絵に圖

そくきたけ

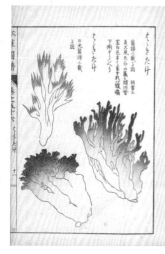

菌譜に載る岡　同書に
是と又其各打の属に晦深
茎白色多く灰きれて喉痛
下痢すといふ

さくきたけ
日光菌譜小絵に圖

鬼盖　きつねのたいまつ

菌譜に載る菌
同書に文之の除茎に
茎頭かや亮くなす
搾れなり亮きすれ
てあくら亮其狀茸
の小形よびて狗哨茸
といふ

きつねのふで

きつねのふで

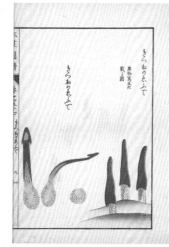

廢物寫真圖
載る圖

きつねのふで

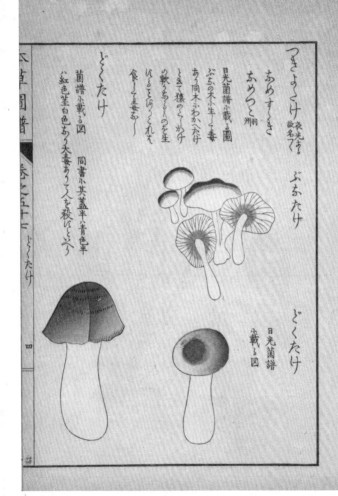

つきよたけ　夜光する
故名づく

ふめすくき
ふめつくき　燗

日光菌譜小戴る圖
ぶなの木小生じて妻
あり同木小わか小たけ
とえて猿のつくたけ
の軟あらくらいの妻
いちをいちくくれを
食して妻あり

ぶあたけ

どくたけ

日光菌譜
小戴る圖

どくたけ

菌譜小戴る圖
ハ紅色莖白色一あう天妻あうて人を殺ひと
同書小其蓋半小青色半
ハ紅色莖白色一あうて天妻あうて人を殺ひと

四

四

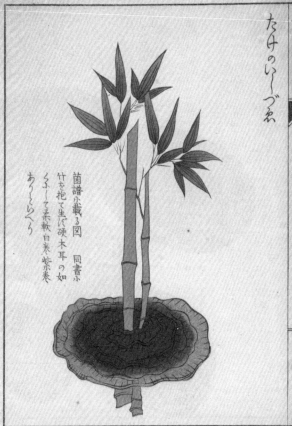

たけのいしづゑ

菌譜小載る図　同書小
竹を抱て生ぺ硬木耳の如
くふーて柔軟白㐬紫㐬
あうくくう

217

木渠芝（もくきよ）
解〔集〕

此物東叡山坊中維摩院權僧正師珍藏するもの
なり其形状根の處握の大サ太くして莖数枝を分
ち叢生し長サ二尺許莖の頭毎ふ平さ蓋あり其
蓋と莖と真か赤に朽子の如く餘の芝の全状を
なすふ異なりイくろ色ハ紫黒色ふして全躰光澤あ
て漆ふて塗る如く奇品とふふべ集解の木渠子
の類なり

《福草考》 1850

感应水月

这本书是对灵芝的考证，引用了《万叶集》《古事记》等众多文献。作者在书中提出了自己的见解，认为《万叶集》中记载的"三枝"是分枝的灵芝。书中还说，"三枝"曾被进贡给显宗天皇（485—487年在位），是一种具有药效的蘑菇。尚无有关作者的详细介绍。

山本氏所藏

中邨氏所感

《梅园菌谱》 1836

毛利元寿

　　《梅园画谱》（全24册）是江户时期的动植物图谱中首屈一指的作品，《梅园菌谱》即其中一册。这本书由"木蕈类"（长在树上的蘑菇）和"地蕈类"（长在土里的蘑菇）两部分构成，共介绍了近160种蘑菇。《梅园画谱》最大的特色是以写实而不以摹写为主，作为江户地区的动植物志也很有价值。作者毛利元寿（1798—1851），生平长期不明，近年才知道他是一位俸禄300石的幕臣。

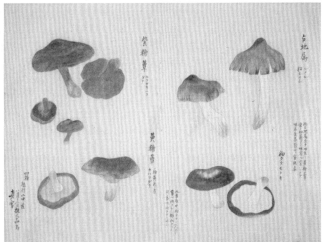

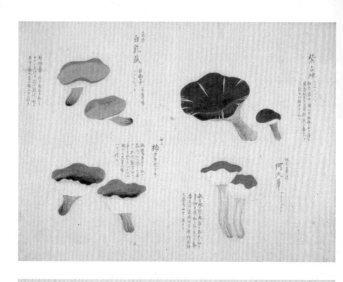

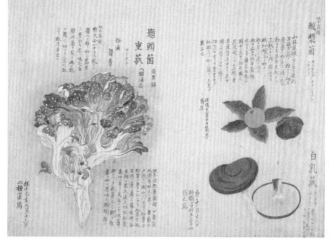